ANÁLISE MULTIVARIADA

INTRODUÇÃO AOS CONCEITOS

ANÁLISE MULTIVARIADA
INTRODUÇÃO AOS CONCEITOS

Camila Correia Machado
Fillipi Klos Rodrigues de Campos

Rua Clara Vendramin, 58 – Mossunguê
CEP 81200-170 – Curitiba – PR – Brasil
Fone: (41) 2106-4170
www.intersaberes.com
editora@intersaberes.com

Conselho editorial
Dr. Alexandre Coutinho Pagliarini
Dr.ª Elena Godoy
Dr. Neri dos Santos
M.ª Maria Lúcia Prado Sabatella

Editora-chefe
Lindsay Azambuja

Gerente editorial
Ariadne Nunes Wenger

Assistente editorial
Daniela Viroli Pereira Pinto

Preparação de originais
Palavra Arteira Edição e Revisão de Textos

Edição de texto
Letra & Língua Ltda.
Monique Francis Fagundes Gonçalves

Capa
Luana Machado Amaro (*design*)
Madredus/Shutterstock (imagem)

Projeto gráfico
Sílvio Gabriel Spannenberg

Adaptação do projeto gráfico
Kátia Priscila Irokawa

Diagramação
Muse design

***Designer* responsável**
Luana Machado Amaro

Iconografia
Regina Claudia Cruz Prestes
Sandra Lopis da Silveira

Dados Internacionais de Catalogação na Publicação (CIP)
(Câmara Brasileira do Livro, SP, Brasil)

Machado, Camila Correia
   Análise multivariada : introdução aos conceitos / Camila Correia Machado, Fillipi Klos Rodrigues de Campos. -- Curitiba, PR : Editora InterSaberes, 2023.

   Bibliografia.
   ISBN 978-85-227-0553-5

1. Análise multivariada 2. Estatística - Estudo e ensino I. Campos, Fillipi Klos Rodrigues de. II. Título.

23-158012   CDD-519.507

Índices para catálogo sistemático:

1. Estatística : Estudo e ensino 519.507

Eliane de Freitas Leite - Bibliotecária - CRB 8/8415

1ª edição, 2023.
Foi feito o depósito legal.

Informamos que é de inteira responsabilidade dos autores a emissão de conceitos.

Nenhuma parte desta publicação poderá ser reproduzida por qualquer meio ou forma sem a prévia autorização da Editora InterSaberes.

A violação dos direitos autorais é crime estabelecido na Lei n. 9.610/1998 e punido pelo art. 184 do Código Penal.

Sumário

9 *Apresentação*

11 *Como aproveitar ao máximo este livro*

17 **Capítulo 1 – Distâncias multivariadas**
17 1.1 Análise multivariada: conceitos e objetivos
20 1.2 Distâncias multivariadas: conceitos e objetivos
21 1.3 Principais distâncias
30 1.4 Análise do coeficiente de Pearson
32 1.5 Similaridade e dissimilaridade

39 **Capítulo 2 – Análise de agrupamento**
39 2.1 Conceitos e objetivos
41 2.2 Princípio básico: funções de agrupamento
44 2.3 Classificação dos agrupamentos
46 2.4 Algoritmos de agrupamento
58 2.5 Coeficiente de correlação cofenética (CCC)

65 **Capítulo 3 – Análise de variância multivariada**
65 3.1 Conceitos e objetivos
66 3.2 Condições para a realização da análise de variância multivariada
67 3.3 Testes de significância
70 3.4 Comparações múltiplas

87 **Capítulo 4 – Análise de componentes principais**
88 4.1 Conceitos e objetivos
89 4.2 Obtenção (análise) dos CPs
92 4.3 Importância relativa de um CP
92 4.4 Correlação entre o CP e a variável
93 4.5 CPs de variáveis padronizadas e gráficos de CPs

103 **Capítulo 5 – Análise de discriminante**
103 5.1 Conceitos e objetivos
105 5.2 Separação e classificação
109 5.3 Funções de classificação
111 5.4 Função discriminante linear e quadrática de Fisher
118 5.5 Análise de discriminante canônico

123 Capítulo 6 – Análise fatorial
126   6.1 Conceitos e objetivos
128   6.2 Tipos de fatores: escolha do número de fatores
134   6.3 Modelo fatorial ortogonal
137   6.4 Métodos de estimação
141   6.5 Teste para verificação do ajuste do modelo fatorial

148 *Considerações finais*

149 *Referências*

155 *Respostas*

158 *Sobre os autores*

*Dedicamos este livro aos nossos
pais, familiares e amigos que
sempre nos apoiaram.*

"Só que quando perguntamos, por exemplo, se o universo é finito ou infinito, na verdade estamos querendo saber algo sobre um todo do qual nós mesmos somos apenas uma (ínfima) parte. Assim, nunca poderemos conhecer inteiramente este todo."
(Gaarder, 1995, p. 352)

"Cada estação da vida é uma edição, que corrige a anterior, e que será corrigida, até a edição definitiva, que o editor dá de graça aos vermes."
(Assis, 2021, p. 41)

Apresentação

Como as ciências não são absolutas, estão em eterno movimento e mudança, elas testam ideias até que estas sejam provadas verdadeiras ou erradas. As análises estatísticas são fundamentais. Coletar, organizar e interpretar dados auxiliam nesse processo. Gerar lucro em uma empresa, otimizar um setor da indústria, coletar informações sobre produto a ser lançado, para todas essas ocasiões uma ferramenta muito útil é a estatística.

Segundo Oliveira (2011), até pouco tempo, os dados coletados eram ou utilizados ou descartados, mas, com o avanço tecnológico, eles são armazenados para futuras consultas. Parte dessas informações pode ser analisada utilizando a estatística simples (classificação cruzada, análise de variância, regressão simples etc.), porém, parte delas necessita de uma análise mais profunda, utilizando técnicas mais complexas.

Entre essas técnicas, temos a análise multivariada. Segundo Hair Junior et al. (2005), alguns pesquisadores utilizam a ideia dessa análise como técnica quando se tem múltiplos dados, enquanto outros utilizam-na quando estão trabalhando com problemas em que aparecem as distribuições normais multivariadas. Poderíamos dizer, unindo essas ideias, então, que a análise multivariada consiste em um conjunto de técnicas estatísticas utilizadas em situações em que há diversas variáveis e que busca simplificar ou facilitar a interpretação do fenômeno estudado.

Assim, para este livro, não utilizaremos uma definição rígida, tratando apenas de mostrar técnicas para se trabalhar com múltiplas variáveis, bem como suas combinações. Resumidamente, podemos dizer que a análise multivariada estuda inferências sobre as médias multivariadas, analisa a estrutura de covariância de uma matriz de dados e define técnicas de classificação e agrupamento de dados.

Para justificar este estudo, podemos dar exemplos de aplicações da análise multivariada:

- na medicina, como auxílio em diagnósticos e classificação de portadores de doenças;
- nos acidentes de trânsito, para analisar a relação entre as diferentes categorias de acidentes e os diferentes modelos de automóveis;
- na educação, quando há necessidade de análise de desempenho em concursos, relacionando-os à classe socioeconômica, à idade etc.;
- na biologia, com a seleção de plantas e animais que têm maior probabilidade de existência em gerações posteriores.

Esses são apenas alguns exemplos de aplicação da análise multivariada, e existem inúmeros outros. Alguns veremos adiante, e podemos afirmar que ela é uma ferramenta importante para a estatística prática. Atualmente, o emprego de *softwares* é imprescindível para a aplicação dessa técnica. Tais ferramentas garantem uma análise de dados mais rápida e precisa, principalmente nos casos em que há um volume muito grande de dados.

Além de facilitar essa análise, essas ferramentas ainda podem fornecer outros indicadores, como resumos, tendências, correlações, auxiliando na modelagem desses dados.

Este livro é então destinado a leitores que queiram conhecer as possibilidades de técnicas quando se trata de uma análise com muitos dados, ou ainda quando essa análise precisa de uma profundidade maior. Aqui abordamos assuntos de modo geral, para que o leitor possa decidir qual seria a melhor técnica a ser utilizada para a resolução de seu problema. Apresentamos também, no decorrer dos capítulos, alguns cálculos básicos, para que se possa ter uma breve noção do que será necessário trabalhar, de quais ferramentas matemáticas ou da informática serão necessárias, depois de escolhida a técnica.

No Capítulo 1, exploramos algumas definições relacionadas à análise multivariada, bem como seus principais conceitos e objetivos, definindo então ideias relacionadas a distâncias multivariadas, similaridades e dissimilaridades, além de discutirmos o coeficiente de Pearson. Essas definições facilitarão o entendimento de outras técnicas abordadas nos demais capítulos.

A seguir, explanamos sobre algumas técnicas de fato, iniciando-se, no Capítulo 2, pela análise de agrupamento, definindo-a e apresentando conceitos relacionados a ela, como, por exemplo, as ideias de vizinho mais próximo e de vizinho mais distante. Esses agrupamentos são classificados em hierárquicos e não hierárquicos. Ademais, evidenciamos alguns métodos de cálculo para essa técnica, como os métodos de distância entre grupos, da inércia mínima e dos centroides. Finalmente, apresentamos ideias de algoritmos para a resolução de problemas com base nessa técnica, como os mapas de características auto-organizáveis, os métodos baseados em grafos e o coeficiente de correlação cofenética.

Para o Capítulo 3, tratamos da técnica de análise de variância multivariada, iniciando com seus principais conceitos e condições de aplicação, testes de significância e de hipótese nula. Após, analisamos as comparações múltiplas, com alguns testes possíveis como: contrastes ortogonais, Dunnett, Tukey, *t-student* e Scott-Knott.

No Capítulo 4, contemplamos a técnica de análise de componentes principais, abrangendo a ideia de obtenção de tais componentes, sua importância, a correlação entre componentes principais e variáveis e, por fim, a ideia de padronização por meio de gráficos desses componentes principais.

Discutimos a técnica de análise de discriminante no Capítulo 5, definindo-se a separação e a classificação de variáveis, as funções de classificação (discriminante linear e quadrática de Fisher) e, também, trazendo uma abordagem da análise de discriminante canônico.

Para encerrar, no Capítulo 6, temos a análise fatorial, iniciando o capítulo com a escolha do número e tipos dos fatores e os critérios de variância total (porcentagem, de Kaiser, *Scree Plot* e escores fatoriais). Continuamos o capítulo abordando o modelo fatorial ortogonal, métodos de estimação e os testes para verificação de ajustes no modelo fatorial.

Existem então, inúmeras outras técnicas de análise multivariada não abordadas aqui, mas esperamos que os leitores possam usufruir dessas ideias e, a partir disso, delinear uma solução para os problemas que lhes sejam impostos.

Como aproveitar ao máximo este livro

Empregamos nesta obra recursos que visam enriquecer seu aprendizado, facilitar a compreensão dos conteúdos e tornar a leitura mais dinâmica. Conheça a seguir cada uma dessas ferramentas e saiba como elas estão distribuídas no decorrer deste livro para bem aproveitá-las..

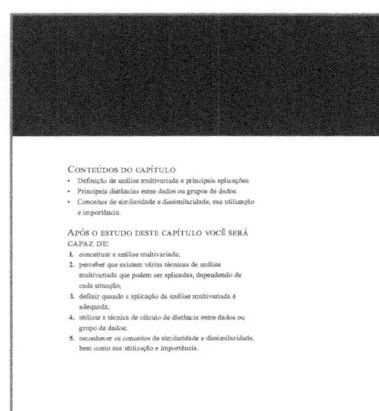

Conteúdos do capítulo
Logo na abertura do capítulo, relacionamos os conteúdos que nele serão abordados.

Após o estudo deste capítulo, você será capaz de:
Antes de iniciarmos nossa abordagem, listamos as habilidades trabalhadas no capítulo e os conhecimentos que você assimilará no decorrer do texto.

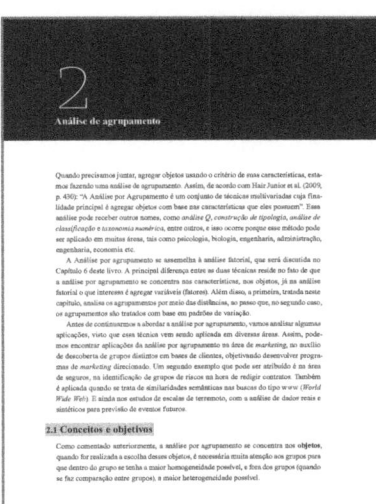

Introdução do capítulo
Logo na abertura do capítulo, informamos os temas de estudo e os objetivos de aprendizagem que serão nele abrangidos, fazendo considerações preliminares sobre as temáticas em foco.

O QUE É
Nesta seção, destacamos definições e conceitos elementares para a compreensão dos tópicos do capítulo.

Exemplificando
Disponibilizamos, nesta seção, exemplos para ilustrar conceitos e operações descritos ao longo do capítulo a fim de demonstrar como as noções de análise podem ser aplicadas.

Exercícios resolvidos

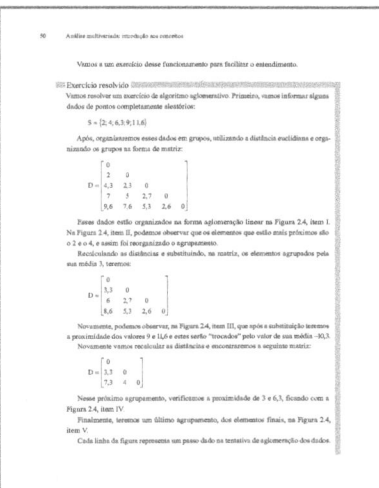

Nesta seção, você acompanhará passo a passo a resolução de alguns problemas complexos que envolvem os assuntos trabalhados no capítulo.

Estudo de caso

Nesta seção, relatamos situações reais ou fictícias que articulam a perspectiva teórica e o contexto prático da área de conhecimento ou do campo profissional em foco com o propósito de levá-lo a analisar tais problemáticas e a buscar soluções.

Para saber mais
Sugerimos a leitura de diferentes conteúdos digitais e impressos para que você aprofunde sua aprendizagem e siga buscando conhecimento.

Síntese
Ao final de cada capítulo, relacionamos as principais informações nele abordadas a fim de que você avalie as conclusões a que chegou, confirmando-as ou redefinindo-as.

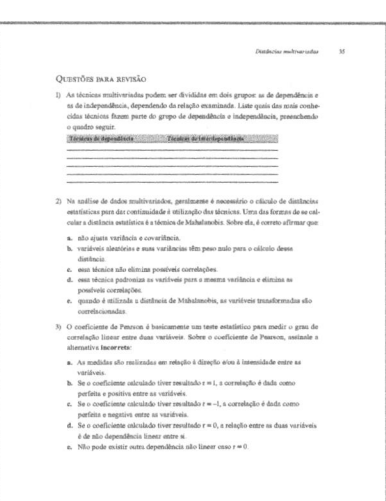

Questões para revisão
Ao realizar estas atividades, você poderá rever os principais conceitos analisados. Ao final do livro, disponibilizamos as respostas às questões para a verificação de sua aprendizagem.

Questões para reflexão
Ao propor estas questões, pretendemos estimular sua reflexão crítica sobre temas que ampliam a discussão dos conteúdos tratados no capítulo, contemplando ideias e experiências que podem ser compartilhadas com seus pares.

Conteúdos do capítulo
- Definição de análise multivariada e principais aplicações.
- Principais distâncias entre dados ou grupos de dados.
- Conceitos de similaridade e dissimilaridade, sua utilização e importância.

Após o estudo deste capítulo você será capaz de:
1. conceituar a análise multivariada;
2. perceber que existem várias técnicas de análise multivariada que podem ser aplicadas, dependendo de cada situação;
3. definir quando a aplicação da análise multivariada é adequada;
4. utilizar a técnica de cálculo de distância entre dados ou grupo de dados;
5. reconhecer os conceitos de similaridade e dissimilaridade, bem como sua utilização e importância.

1
Distâncias multivariadas

1.1 Análise multivariada: conceitos e objetivos

Vamos começar aqui relembrando o conceito de variável. Geralmente chamamos de *variável* algo que varia ou pode variar. Justamente por isso a variável é instável, está sujeita a alterações e simboliza elementos que nem sempre estão especificados dentro de um conjunto. Ela pode estar dentro de uma equação ou fórmula, pode estar dentro de uma proposição, pode ser do tipo qualitativa ou quantitativa, aparecer de modo dependente ou independente, dentro de um conjunto ou em certo intervalo de conjunto.

Quando trabalhamos com duas ou mais variáveis, a correlação entre elas se estabelece de diversas formas, e, como é possível supor, para cada pesquisador, interessa ou é importante um tipo de organização dos dados, uma forma de análise. E é isso a que a análise multivariada se dispõe, ou seja, a adaptar a análise a cada tipo de necessidade. Contudo, essa adaptação pode causar um certo problema pela dificuldade encontrada em cada tipo de análise, mas temos alguns deles já consolidados e buscaremos demonstrar esses principais métodos aqui.

O QUE É

Análise multivariada – Hair Junior et al. (2009) definem a análise multivariada como sendo a análise de múltiplas variáveis em um único relacionamento ou conjunto de relações.

Muitas das técnicas que apresentaremos aqui derivam de técnicas univariadas (análises de única variável) ou ainda bivariadas (correlação, análise de variância, regressão simples etc.). E, apesar dessas raízes, é bastante importante introduzir alguns conceitos adicionais de relevância para a facilitação da compreensão da análise multivariada.

Vamos iniciar essa ideia analisando o termo *variável estatística*, que é a combinação linear de variáveis, em que os pesos são empiricamente determinados pela necessidade do pesquisador ou pela técnica escolhida para atingir o fim específico.

Representamos essas variáveis estatísticas por *n*, e quando se trata de variáveis ponderadas, representamos $x_1, x_2, x_3, ..., x_n$, ou quando se faz necessário peso (*w*), podemos escrever $x_1w_1 + x_2w_2 + x_3w_3 + ... x_nw_n$. Esse resultado representa a melhor combinação de conjunto de variáveis para atingir o objetivo da análise. Por isso é importante compreender não só como satisfazer o objetivo, mas também como cada variável irá contribuir para o efeito geral da variável estatística.

Em seguida, precisamos falar sobre as **escalas de medidas**, pois, para Hair Junior et al. (2005), quando a análise envolve identificar e medir variáveis dentro de um conjunto delas, podem ser classificadas conforme o grau de dependência entre elas. Então, a existência e possibilidade de mensuração é muito importante. Esses dados, depois de colhidos, podem ser classificados em **métricos** (quantitativos) e **não métricos** (qualitativos).

Para as escalas (ou dados) **não métricas** ou qualitativas, que descrevem natureza, presença ou ausência de determinada característica ou propriedade, ou seja, que representam as propriedades discretas, devem ser realizadas medidas com escalas nominais ou ordinais, que designam números para realizar a identificação dos objetos em questão. Os dados nominais, então, só representam categorias ou classes. Já quando se trata escalas ordinais, há uma medida mais precisa, que deve ser ranqueada ou ordenada. Assim, todo dado pode ser comparado, e os números são empregados em escalas ordinais, podendo indicar posições relativas, séries ordenadas etc. Em resumo, escalas ordinais fornecem a ordem dos valores, mas não valores absolutos; se tem a ordem, mas não a quantia ou diferença entre valores.

Agora abordaremos as **escalas de razão**, que representam uma maior precisão. Elas apresentam a vantagem de ter um ponto de zero absoluto, e assim é possível realizar as operações matemáticas sem maiores problemas.

Assim, podemos compreender a importância da escolha correta da escala de medidas e vale ressaltar uma ação essencial: identificar a escala de medida de cada variável corretamente para não confundir dados métricos com não métricos.

Exemplificando

Um exemplo de escolha de escala de medidas que pode ser feita é encontrar o valor médio de cada sexo em certa amostra. Caso haja erro, deve-se definir uma medida dos tipo I – para homens – e II – para mulheres, e, após realizar a análise, sempre haverá o dobro de mulheres na amostra, pois colocamos o tipo II em frente à escala. A segunda etapa de identificação é realizar a escolha crítica das medidas; isso facilita na escola da técnica multivariada.

Quantas e quais são essas técnicas multivariadas das quais estamos falando aqui? A resposta mais correta é que são muitas, mas há as mais utilizadas, por englobarem mais situações de pesquisa.

Assim Hair Junior et al. (2009) citam como as principais técnicas da análise multivariada: a análise de componentes principais; a análise dos fatores comum; a análise de discriminante múltipla; a análise de agrupamentos; a análise de correspondência; a análise multivariada de variância e covariância; as quais serão tratadas neste livro. Além disso, Hair Junior et al. (2009) elencam outras técnicas, como: a regressão multipla e correlação mútipla; a análise de correlação canônica; a análise conjunta; o mapeamento perceptual; a modelagem de equações estruturais.

Uma das classificações possíveis para as técnicas de análises multivariadas é a sua separação entre técnicas de dependência e técnicas de interdepêndencia. A primeira trata das técnicas estatísticas que têm uma variável ou conjunto de variáveis, que podem ser classificadas como dependentes, e a segunda trata do conjunto de variáveis independentes. O principal objetivo da classificação em técnicas de dependência é a previsão das variáveis dependentes se utilizando das variáveis independentes. Já no segundo caso, para as técnicas de interdependência, não se faz a divisão das varáveis em conjuntos dependentes ou independentes, ou seja, elas são analisadas como um único conjunto.

Veja, no Quadro 1.1, a classificação das principais técnicas.

Quadro 1.1 – Separação de técnicas da análise multivariadas em dependentes e independentes

Técnicas de dependência	Técnicas de interdependência
Análise de regressão	Análise fatorial
Análise de discriminante	Análise de agrupamento
Correlação canônica	Análise de correspondência
Análise de multivariância ou análise multivariada de variância (MANOVA – do termo em inglês *Multivariate Analysis of Variance*)	Análise fatorial confirmatória
	Análise de regressão múltipla

O QUE É

- Técnicas de dependência – Classificação dada às técnicas que têm apenas uma varável ou um conjunto de variáveis dependentes.
- Técnicas de interdependencia – Classificação dada às técnicas em que as variáveis não são classificadas como independentes ou dependentes, assim, todas as variáveis pertencem a um único conjunto.

Para a maioria das técnicas multivariadas, é necessário se ater ao número de variáveis, pois essa informação facilita a organização dos dados que devem ser analisados.

Assim, quando temos $p \geq 1$ variável, chamamos n as observações de cada variável, e as medidas são registradas na forma x_{ij}, sendo o $i = 1, 2, 3, \ldots n$ e o $j = 1, 2, 3, \ldots p$; e se torna possível o agrupamento na forma de matriz A_{np}, em que n são as linhas, e p, as colunas:

Equação 1.1

$$_nX_p = \begin{bmatrix} x_{11} & x_{12} & \ldots & x_{1p} \\ x_{21} & x_{22} & \ldots & x_{2p} \\ \ldots & \ldots & \ldots & \ldots \\ x_{n1} & x_{n2} & \ldots & x_{np} \end{bmatrix}$$

Para a análise multivariada, podemos afirmar que tal matriz A_{np} contém n observações do vetor p-dimensional (que tem valores aleatórios), podendo ser expressa como:

Equação 1.2

$$\underline{A}' = \begin{bmatrix} A_1, A_2, \ldots, A_p \end{bmatrix}$$

Exemplificando

Suponha que temos como amostra (aleatória) três notas fiscais de uma loja de livros usados. Em cada nota fiscal, podemos identificar quantos livros de cada tipo foram vendidos e os valores pagos por eles. Se a primeira variável for o total, em reais, dos livros vendidos, e a segunda variável for o número de livros vendidos, teremos um vetor aleatório do tipo $\underline{A}' = \begin{bmatrix} A_1, A_2 \end{bmatrix}$, em que A_1 serão as variáveis aleatórias **"valor de vendas"**, e A_2 serão as variáveis aleatórias **"número de livros"**:

A matriz de dados será então:

$$A_{4,2} = \begin{bmatrix} 42 & 4 \\ 90 & 2 \\ 38 & 6 \end{bmatrix}$$

1.2 Distâncias multivariadas: conceitos e objetivos

Problemas multivariados podem ser vistos e trabalhados utilizando-se as distâncias multivariadas. Um exemplo disso é se tomarmos as medidas médias de crânio do *Homo sapiens* no decorrer dos séculos. Sabemos que essas medidas se relacionam entre si, mas qual seria a distância entre a medida de um crânio de 2000 anos comparada com a de um crânio atual? A ideia é que, se tivermos medidas médias similares, elas estão à pequena distância, assim como se as medidas médias forem bem diferentes, a distância entre elas será grande.

Existem inúmeras medidas de distância propostas e utilizadas na análise multivariada. Aqui trataremos de algumas, as mais comuns, e é importante ressaltar que iremos precisar de um pouco de arbitrariedade para trabalhar esse tópico, pois, se tomarmos um exemplo simples com **n** objetos sendo considerados, com medidas sendo tomadas sobre cada um deles, teremos uma relação de pelo menos duas dessas medidas; e muitas vezes é necessário responder à questão: Existe um relacionamento entre os conjuntos de distâncias?

1.3 Principais distâncias

Quando analisamos técnicas de análise multivariadas, utilizamos a ideia de distância entre os dados.

Essas distâncias são baseadas nos conceitos de álgebra mais primitivos, ou seja, se considerarmos um ponto $P(x_1, x_2)$ em um plano, a distância entre a origem e o ponto $d(0, P)$ será dada por:

Equação 1.3

$$d(0, P) = \sqrt{x_1^2 + x_2^2}$$

Essa expressão conhecemos como *relação de Pitágoras*. Veja a representação na Figura 1.1, a seguir.

Figura 1.1 – Representações gráficas do teorema de Pitágoras, que também podem ser chamadas de *distâncias euclidianas*

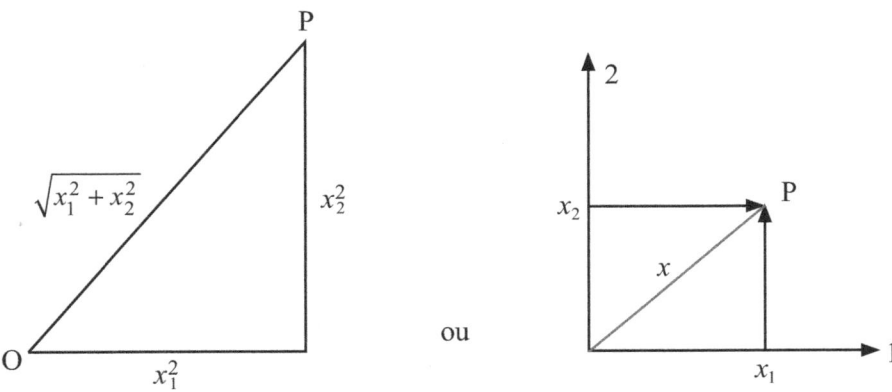

Para casos mais gerais, com mais variáveis, teremos $P(x_1, x_2, ..., x_P)$, com origem em $O = (0, 0, ..., 0)$, logo, a distância será do tipo $d(O, P) = \sqrt{x_1^2 + x_2^2 + ... + x_P^2}$.

E assim podemos afirmar que, todos os pontos estão a mesma distância quadrada da origem do plano e satisfazem a seguinte equação:

Equação 1.4

$$d^2(O, P) = x_1^2 + x_2^2 + ... + x_P^2$$

Mas e se não estivermos tratando de um plano, e sim um espaço com P = 2? Ora, a distância então será dada pela equação da circunferência de centro (0, 0) e raio d(0, P). Desse modo, quando é necessário determinar a distância em linha reta entre dois pontos quaisquer $P(x_1, x_2, ..., x_P)$ e $Q(y_1, y_2, d ..., y_P)$, utilizamos a equação:

Equação 1.5

$$d(P, Q) = \sqrt{(x_1 - y_1)^2 + (x_2 - y_2)^2 + ... + (x_P - y_P)^2}$$

Na análise multivariada, é possível ter medições em várias dimensões, e cada uma delas pode estar com uma unidade distinta. Além disso, as medições estão sujeitas às variações aleatórias de intensidades diferentes, o que nos leva a crer que distâncias baseadas em linhas retas, como a distâncias euclidianas, não serão apropriadas. Mas, então, qual será essa medição de distância apropriada? E o que deve ser levado em consideração para que ela possa ser utilizada?

O QUE É

Variável estatística – "Combinação linear de variáveis formada na técnica multivariada determinando-se pesos empíricos aplicados a um conjunto de variáveis especificado pelo pesquisador" (Hair Junior et al., 2009, p. 22).

Essa nova distância que leva em conta as diferenças de variação é denominada *distância estatística*.

Vamos exemplificar para facilitar o entendimento.

Suponha que temos parede de medições (n) com variáveis independentes (x_1, x_2) e saibamos que a variação das medições de x_2 é menor do que a das medições de x_1. Assim, a solução passará pela estandardização das coordenadas, ou seja, cada uma delas passará pelo desvio-padrão amostral respectivo, conforme a Figura 1.2 ajuda a ilustrar.

Figura 1.2 – Diagrama de dispersão com maior variabilidade na direção de x_1 do que de x_2

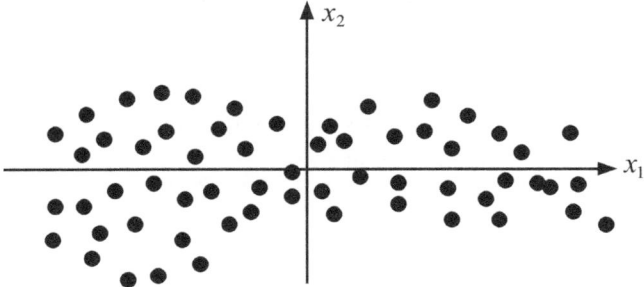

E a distância será dada em função da variância s_{ij}, conforme a Equação 1.6:

Equação 1.6

$$d(O,P) = \sqrt{\left(\frac{x_1}{\sqrt{s_{11}}}\right)^2 + \left(\frac{x_2}{\sqrt{s_{22}}}\right)^2} = \sqrt{\frac{x_1^2}{s_{11}} + \frac{x_2^2}{s_{22}}}$$

Observe que, na Figura 1.2, os pontos apresentam uma tendência a se espalhar (maior desvio) em torno do eixo x, mais do que em torno do eixo y (menor desvio). Podemos, então, pensar que o eixo x teria maior peso do que o eixo y, para um mesmo valor, quando calcularmos as distâncias até a origem.

Uma forma de conseguir realizar esse cálculo é dividir cada coordenada pelo desvio-padrão da amostra. Depois de realizar a divisão, temos as coordenadas estandardizadas nas formas das seguintes equações:

Equação 1.7

$$\dot{x}_1 = \frac{x_1}{\sqrt{s_{11}}}$$

Equação 1.8

$$\dot{x}_2 = \frac{x_2}{\sqrt{s_{22}}}$$

Logo, será necessário eliminar possíveis diferenças de variabilidade dessas coordenadas (variáveis) e, assim, poderemos determinar a distância utilizando a fórmula euclidiana padrão:

Equação 1.9

$$d(O,P) = \sqrt{(\dot{x}_1)^2 + (\dot{x}_2)^2} = \sqrt{\frac{x_1^2}{s_{11}} + \frac{x_2^2}{s_{22}}}$$

Como todos os pontos têm coordenadas x_1 e x_2 e a distância sempre será dada pelo termo ao quadrado da origem, ela terá de satisfazer a equação:

Equação 1.10

$$\frac{x_1^2}{s_{11}} + \frac{x_2^2}{s_{22}} = c^2$$

E essa expressão, se você notar, é a equação da elipse, com os maiores e menores eixos coincidindo com os eixos das coordenadas. Veja a Figura 1.3, a seguir:

Figura 1.3 – Elipse: distância estatística quadrática $d^2(O,P) = \frac{x_1^2}{s_{11}} + \frac{x_2^2}{s_{22}} = c^2$

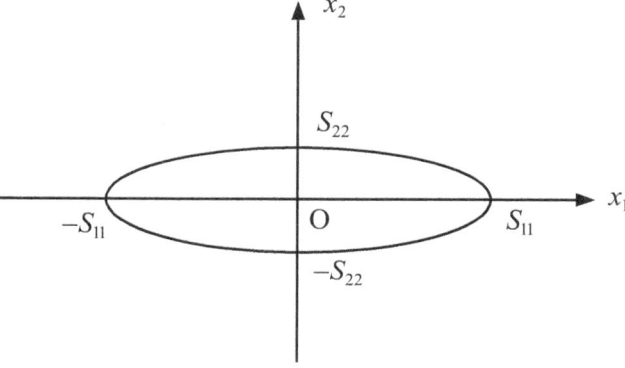

Exercício resolvido

Imagine que temos um conjunto de pares de medidas de variáveis aleatórias cujo vetor médio é dado por $\underline{\mu}' = [0,0]$. Temos também que suas variâncias são dadas por $\sigma_1^2 = 5$ e $\sigma_2^2 = 2$. Seja um ponto $\underline{x} \in R^2$ de coordenadas (x_1, x_2) e ainda que essas variáveis aleatórias não sejam correlacionadas. Qual a distância estatística do ponto x de coordenadas (x_1, x_2) até a origem?

Aqui vamos utilizar a ideia da distância entre dois pontos e ficamos com:

$$d(P,O) = \sqrt{\frac{x_1^2}{5} + \frac{x_2^2}{2}}$$

E se for necessário construir o gráfico desse lugar geométrico de origem 1? Utilizaremos a equação da elipse dada por $\dfrac{x_1^2}{5} + \dfrac{x_2^2}{2} = 1$, obtendo:

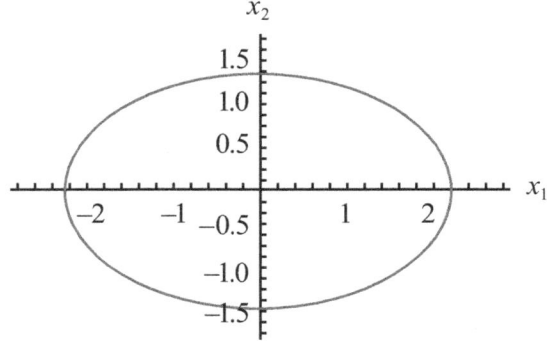

1.3.1 Outras distâncias

As principais distâncias foram elencadas nas seções anteriores, porém, existem inúmeras outras, as quais podem ser utilizadas para cálculos em que são necessárias representações de espaços multidimensionais. A seguir, demonstraremos algumas delas.

Distância de Mahalanobis

Segundo Sartorio (2008), a distância de Mahalanobis foi introduzida pelo matemático Prasanta Chandra Mahalanobis em 1936 e leva em consideração as variações estatísticas de atributos, ou seja, tem base nas correlações entre atributos e padrões diferentes que são identificados e analisados. Assim, o que se pode perceber é que as representações desse tipo de superfícies acabam por ser elipsoides centradas na média (veja a Figura 1.4). Para Costa (1999), a métrica de Mahalanobis consegue suprir algumas das limitações da distância euclidiana, porém, para utilizar as matrizes de covariância, faz-se necessário o uso computacional, tornando mais comum a escolha da distância euclidiana.

Para casos em que a covariância obtenha resultado zero, tendo como consequência uma variância igual para todas as variáveis, o resultado obtido seriam esferas, fazendo com que distância de Mahalanobis seja equiparada à distância euclidiana.

Figura 1.4 – Representação gráfica da distância de Mahalanobis

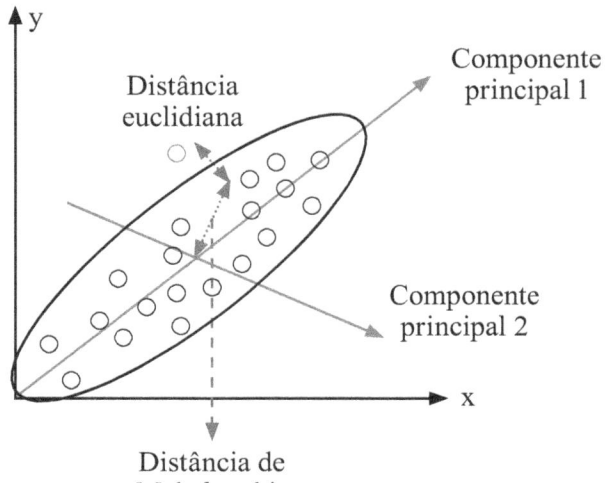

Na Figura 1.4, podemos observar que os dados acabam por se aglomerar em torno da componente principal 1, fazendo com que essa técnica minimize a distância do ponto ao centro da reta.

Podemos escrever formalmente a distância de Mahalanobis utilizando as ideias de valores médios $\mu = (\mu_1, \mu_2, \mu_3, \ldots, \mu_p)^T$ e da matriz de covariância S para valores de vetores multivariados $x = (x_1, x_2, x_3, \ldots, x_p)^T$ desta forma:

Equação 1.11

$$D_M(x) = \sqrt{(x-\mu)^T S^{-1}(x-\mu)}$$

Neste momento, vale comentarmos sobre como obter a matriz de covariância. Ela é uma matriz simétrica: em sua diagonal principal estão contidas as variâncias e nos outros elementos vamos encontrar as covariâncias das variáveis (p). Também é necessário lembrar que, caso haja variáveis (p) independentes, teremos uma matriz diagonal, a qual denominaremos Σ:

$$\text{cov}(x) = \Sigma = \begin{bmatrix} S_{11} & S_{12} & \cdots & S_{1p} \\ S_{21} & S_{22} & \cdots & S_{2p} \\ \vdots & \vdots & \vdots & \vdots \\ S_{p1} & S_{p2} & \cdots & S_{pp} \end{bmatrix}$$

Outra forma de definição para a distância de Mahalanobis é utilizando a ideia de dissimilaridade entre dois vetores aleatórios de mesma distribuição com a matriz de covariância S:

Equação 1.12

$$d(\vec{x}, \vec{y}) = \sqrt{(\vec{x} - \vec{y})^T S^{-1}(\vec{x} - \vec{y})}$$

Caso a matriz de covariância seja a matriz identidade, a distância de Mahalanobis coincidirá com a distância euclidiana, como já comentado. E caso a matriz de covariância seja diagonal, a medida de distância resultante será a euclidiana normalizada, dada por:

Equação 1.13

$$d(\vec{x}, \vec{y}) = \sqrt{\sum_{i=1}^{p} \frac{(x_i - y_i)^2}{\sigma_i^2}}$$

Nessa expressão, σ_i é o desvio-padrão de x_i.

Distância de Manhattan

A distância de Manhattan é também chamada *distância máxima*, *geometria do taxi* ou ainda *city block* (quarteirões), assim denominada pelo fato de se utilizar de segmentos de retas horizontais e verticais semelhantes às ruas de uma cidade (Linden, 2009). Ela nos mostra que, quando há dois vetores x e y, podemos escrever a distância como:

Equação 1.14

$$d(\vec{x}, \vec{y}) = \sum_{i=1}^{p} |x_i - y_i|$$

Então, podemos afirmar que a distância de Manhattan é uma distância que depende da rotação do sistema de coordenadas, porém, não depende da reflexão em torno de um eixo ou suas translações. De uma modo mais simples, podemos dizer que a distância de Manhattan é uma forma de geometria substitutiva à euclidiana e que demonstra que a distância entre dois pontos é a soma das diferenças absolutas de suas coordenadas. Veja a Figura 1.5.

Figura 1.5 – Comparação da distância de Manhattan e da distância euclidiana

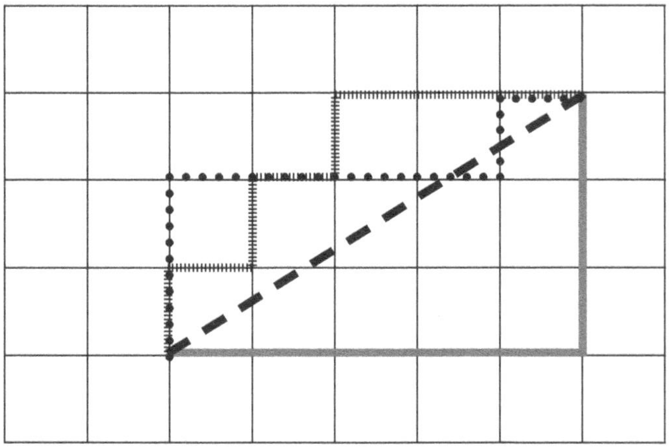

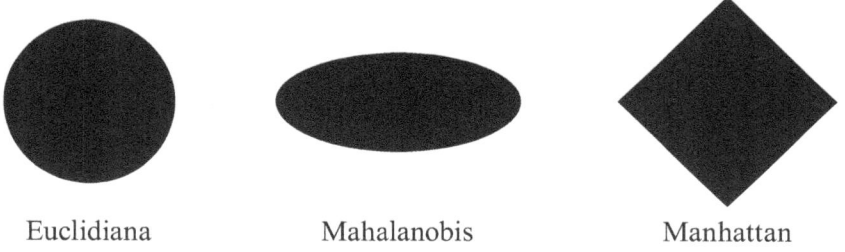

Observe agora, na Figura 1.6, a comparação gráfica entre técnicas de cálculo de distâncias multivariadas que vimos até este ponto.

Figura 1.6 – Comparação das distâncias euclidiana, de Mahalanobis e de Manhattan

Euclidiana   Mahalanobis   Manhattan

Distância de Minkowski

A distância de Minkoswski, nome dado em homenagem a Hermann Minkoswski (1864-1909), por ser considerado o primeiro a trabalhar com a ideia de "distância do taxi", com ideias de ponto, reta e ângulo euclidianas e assumindo ideias de *city block* apresentadas na distância de Manhattan. A distância de Minkoswski é considerada uma métrica em que o espaço vetorial é normatizado. Podemos dizer, assim, que tal distância é uma generalização das distâncias euclidiana e de Manhattan (Fava Neto, 2013). Ela é utilizada para encontrar a similaridade de distância entre vetores, sendo formalizada da seguinte maneira:

Equação 1.15

$$d(\vec{x}, \vec{y}) = \left(\sum_{i=1}^{p}|x_i - y_i|^r\right)^{\frac{1}{r}}$$

Nessa expressão, se o parâmetro r = 1, teremos a distância de Manhattan (também chamada de *norma L1*), e se r = 2, teremos a distância euclidiana (também chamada de *norma L2*).

A distância de Minkowski é muito utilizada em *machine learning* (modelo este que trabalha com a análise de dados, automatizando-os por meio da construção de modelos analíticos) para se descobrir as semelhanças de distância.

Coeficiente de Pearson

Outra forma de estabelecer a ideia de distância entre objetos é o comumente utilizado coeficiente de correlação de Pearson. Essa distância é atribuída a Karl Pearson e a Francis Galton (Lira, 2004).

Basicamente, esse coeficiente é um teste estatístico para medir o grau de correlação linear entre duas variáveis. Essa medida é realizada em relação à direção e/ou intensidade entre as variáveis. Quando se fala de intensidade, trata-se da relação entre essas variáveis, e quando se fala da direção, trata-se da correlação entre elas, se ela é positiva ou direta, negativa ou inversa. Podemos confirmar, assim, que, se tivermos um índice dimensional *r* (adimensional) com valores que variam de –1 até +1, teremos como resultado uma relação linear entre os conjuntos de dados em questão. Quando essa linearidade não acontece, teremos um coeficiente não adequado e que pode causar impactos nos resultados.

Logo, podemos classificar os resultados do coeficiente de Pearson do seguinte modo:

- se r = 1 → correlação perfeita, positiva entre as variáveis;
- se r = –1 → correlação perfeita, negativa entre as variáveis;
- se r = 0 → as duas variáveis não são dependentes entre si linearmente.

Pode existir outra dependência não linear, logo, r = 0 deve ser mais bem investigado Matematicamente, podemos calcular o coeficiente de Pearson do seguinte modo:

Equação 1.16

$$r_{ii} = \frac{\sum_j x_{ij} x_{i \cdot j} - \frac{1}{p}\left(\sum_j x_{ij}\right)\left(\sum_j x_{i \cdot j}\right)}{\sqrt{\left[\sum_j x_{ij}^2 - \frac{1}{p}\left(\sum_j x_{ij}\right)^2\right]\left[\sum_j x_{i \cdot j}^2 - \frac{1}{p}\left(\sum_j x_{i \cdot j}\right)^2\right]}}$$

1.4 Análise do coeficiente de Pearson

Como acabamos de ver, o coeficiente de correlação de Pearson (r) varia de –1 a 1 (correlação perfeita). Quanto mais positivo ou negativo o coeficiente, maior a força de interação entre as variáveis. Se o valor do coeficiente for zero, indica que não existe relação entre as variáveis. Porém, esses casos praticamente não ocorrem na prática. Assim, vários autores acabam por estabelecer os próprios intervalos e classificações, como Dancey e Reidy (2006), que assim os classificam: fracos, valores de coeficientes entre 0,10 e 0,30; moderados, valores de coeficiente de 0,40 a 0,60; e forte, coeficientes de 0,70 a 1,00.

Veja uma representação dessa relação linear entre variáveis no Gráfico 1.1, a seguir.

Gráfico 1.1 – Correlação linear entre duas variáveis (X e Y)

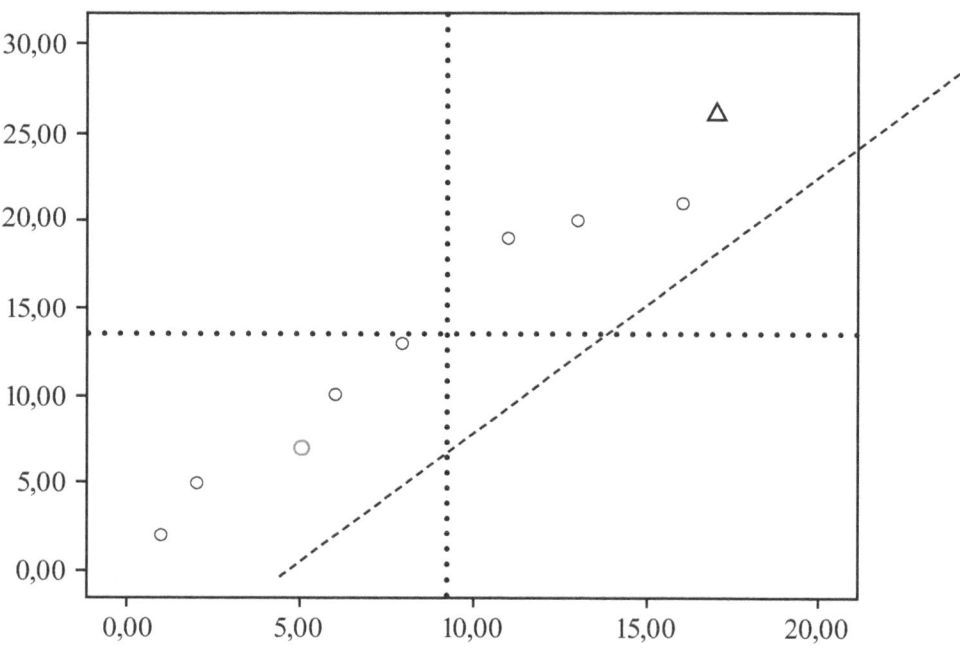

Fonte: Figueiredo Filho; Silva Júnior, 2009, p. 120.

1.4.1 Propriedades do coeficiente de Pearson (efeitos e desvios)

Agora que analisamos o conceito da correlação de Pearson, podemos tratar de suas propriedades. Para Moore e McCabe (2004), existem algumas condições a serem satisfeitas para obtermos uma análise correta para tal coeficiente.

A primeira delas é a de que **o coeficiente de Person não faz distinção entre variáveis independentes ou dependentes**. Isso nos mostra que valores de correlação entre X e Y são iguais aos de Y e X, o que nos leva a afirmar que é bastante complicado decidir qual variável varia em função da outra, e o que realmente podemos afirmar é que elas apresentam semelhanças de escores.

A segunda propriedade é a de que **valores de correlação não se alteram com a alteração da unidade de medida das variáveis**. Como temos uma medida padronizada, podemos comparar as variáveis de acordo com sua magnitude ou, ainda, graficamente, por sua dispersão. Lembrando que, para tanto, são necessários alguns ajustes quando são comparadas variáveis pela sua magnitude: deve-se subtrair as observações (x) da média (μ) e depois dividir o resultado pelo desvio-padrão (σ), ou seja, $Z = \dfrac{x - \mu}{\sigma}$. Caso o desvio-padrão seja 1, a média será 0 (zero).

A terceira propriedade é a de que **o coeficiente é adimensional**. Não se pode interpretar esse coeficiente como uma porcentagem nem como uma proporção.

A quarta propriedade é a de que a correlação acaba por exigir que **as variáveis sejam do tipo quantitativas**, mas não há necessidade de restrição quanto à sua continuidade, ou seja, podem ser contínuas ou discretas.

A quinta propriedade afirma que os **valores que são observados devem ter distribuição normal**. Assim, há valores que assumem a forma $N(\mu, \sigma)$, o que nos leva a perceber que, para amostras pequenas, essa propriedade é de suma importância pelo fato de que, ao utilizarmos o teorema do limite centra – teorema segundo o qual, quando somada uma grande quantidade de variáveis independentes e que são igualmente distribuídas e com sua variância tendendo ao infinito, essa soma sempre será uma gaussiana (Novaes, 2022) –, notamos que, quanto mais observações temos, mais a distribuição das médias se torna uma curva normal.

A sexta propriedade indica que há a **necessidade de análise de *outliers*** (dados muito discrepantes, cujos valores fogem da normalidade). A presença desses *outliers* faz com que existam comprometimentos das estimativas, levando a erros tanto do tipo I quanto do tipo II. Lembrando que um erro do tipo I, segundo Hair Junior et al. (2005), é o tipo de erro que trabalha com rejeição incorreta de uma hipótese nula, ou seja, a probabilidade de existir uma diferença ou semelhança de dados, mas isso não ocorre realmente. Já o erro do tipo II é classificado por Hair Junior et al. (2005) como aquele que trabalha com falhas na hipótese nula, ou seja, nesse caso simplesmente não se encontra a diferença ou semelhança para tal hipótese.

E, finalmente, a sétima propriedade é a de que possa existir a **independência entre as observações**, ou seja, estamos falando de variáveis que não se influenciam mutuamente.

O não seguimento dessas condições acaba por levar o pesquisador a cometer erros do tipo I e do tipo II, logo, vemos que parece bastante inteligente seguir essas regras básicas expostas por Moore e McCabe (2004).

1.5 Similaridade e dissimilaridade

Quando agrupamos itens ou dados, é necessário determinar o quanto o valor é parecido ou não em relação, por exemplo, ao maior valor observado. Isso é chamado de *similaridade* ou *dissimilaridade*. Quanto mais próximo o valor é do maior valor observado, maior a similaridade, do mesmo modo, quanto mais distante estão esses valores, maior será a dissimilaridade. Podemos perceber que estamos tratando de um coeficiente de correlação. É possível encontrar essa dissimilaridade de maneira bastante explícita quando aludimos à distância euclidiana.

Segundo Gan, Ma e Wu (2007, p. 71, tradução nossa): "A escolha da medida de dis(similaridade) é importante para aplicações, e a melhor escolha é frequentemente obtida via uma combinação de experiência, habilidade, conhecimento e sorte...".

Quando vamos representar dados e conhecer a similaridade ou não deles, utilizamos a matriz de dados A, com N linhas, que serão os objetos, e n colunas, que serão os atributos. Assim, temos:

Equação 1.17

$$A = \begin{bmatrix} x_{11} & x_{12} & \cdots & x_{1n} \\ x_{12} & x_{22} & \cdots & x_{2n} \\ \vdots & \ddots & \ddots & \vdots \\ x_{N1} & x_{N2} & \cdots & x_{Nn} \end{bmatrix}$$

Devemos observar que cada coluna (atributo) dessa matriz será denotada por um vetor do tipo a_i, de modo que teremos a equação a seguir:

Equação 1.18

$$a_i = \begin{bmatrix} x_{11} & x_{12} & \cdots & x_{N1} \end{bmatrix}^T$$

Assim, podemos escrever a matriz de proximidade (dissimilaridade e similaridade) com N linhas e N colunas:

Equação 1.19

$$D = \begin{bmatrix} d(x_1,x_1) & d(x_1,x_2) & \cdots & d(x_1,x_N) \\ d(x_2,x_1) & d(x_2,x_2) & \cdots & d(x_1,x_N) \\ \vdots & \ddots & \ddots & \vdots \\ d(x_N,x_1) & d(x_N,x_2) & \cdots & d(x_N,x_N) \end{bmatrix}$$

Para a similaridade, que realiza a medida de o quanto dois objetos são parecidos, teremos valores pertencentes ao intervalo entre $[0,1]$, já para a dissimilaridade, que indica a ideia de o quanto dois objetos são diferentes, os valores pertencem a intervalos $[0, d_{máx}]$ ou ainda $[0, \infty[$.

Agora, uma dica: Conhecer como converter dissimilaridades (*d*) em similaridades (*s*), e vice-versa, é útil e permite tratar com apenas uma das formas. Assim, se ambas, *d* e *s*, forem definidas em $[0,1]$, a conversão será feita de modo direto:

Equação 1.20

$$s = 1 = d$$

Ou ainda:

Equação 1.21

$$d = 1 - s$$

Nesse caso, como temos uma transformação linear, não teremos distorção de valores.

Quando não for possível realizar a conversão direta, há algumas alternativas. A primeira pode ser utilizada quando os limitantes são conhecidos, e então podemos reescalar em $[0,1]$, assim, *s* ($s_{mín}$ e $s_{máx}$) ou *d* ($d_{mín}$ e $d_{máx}$) são reescalados e podemos utilizar a Equação 1.20.

Outra alternativa pode ser utilizada quando não se consegue evitar a transformação não linear. Isso ocorre quando $d \in [0, \infty]$. Então, podemos fazer conforme indicado na Equação 1.22:

Equação 1.22

$$s = \frac{1}{(1 + \alpha d)} \text{ ou } s = e^{-\alpha d}$$

Nesse caso α é uma constante positiva.

No entanto, decidir a melhor forma de converter vai depender muito da forma que o problema se apresenta.

Mas qual é, então, a relação entre as distâncias e as medidas de (dis)similaridade?

Vamos escrever o coeficente de similaridade entre objetos *g* e *k* em função da distância ente eles, para depois analisá-lo. Assim, teremos:

Equação 1.23

$$\tilde{s}(g,k) = \frac{1}{1 + d(g,k)}$$

Lembrando que $0 \leq \tilde{s}(g,k) \leq 1$.

Agora, analisando essa função, podemos perceber que a distância e o coeficiente de similaridade são inversamente proporcionais. Outro ponto é que sempre é possível construir coeficientes de similaridade a partir das distâncias, mas o contrário não é possível, exceto quando temos uma matriz $\bar{S}$ que seja não negativa e definida por $\tilde{s}(g,g) = 1$, pois assim teremos:

Equação 1.24

$$d(g,k) = \sqrt{2\left(1 - \tilde{s}(g,k)\right)}$$

Nesse caso, são preservadas as propriedades da distância.

Para saber mais

A leitura do artigo a seguir indicado permitirá a você verificar a aplicação da análise multivariada na prática.

CARVALHO, M. F. et al. Aplicação da análise multivariada em avaliações de divergência genética através de marcadores moleculares dominantes em plantas medicinais. **Revista Brasileira de Plantas Medicinais**, v. 11, n. 3, p. 339-346, 2009. Disponível em: <https://www.scielo.br/j/rbpm/a/4cyngRDgW7Cyhn44fQrfqSF/abstract/?lang=pt>. Acesso em: 10 jul. 2023.

Síntese

Neste primeiro capítulo, destacamos a importância e as aplicações da análise multivariada. Também evidenciamos que ela deriva das técnicas de análise uni e bivariadas. Apresentamos o conceito de variável estatística, bem como esclarecemos como utilizar e calcular as principais distâncias multivariadas: distância euclidiana, distância estatística e distância estatística quadrática. Ainda, ressaltamos as ideias gerais de outras distâncias importantes, como as de Mahalanobis, Manhattan, Minkowski e o coeficiente de Pearson, bem como seus critérios de utilização e de análise. Para finalizar, definimos similaridade e dissimilaridade, ou seja, o quanto os dados do problema são parecidos entre si, ou não, e demonstramos como realizar o cálculo e analisar os dados referentes a esse tema e sua relação com as medidas de distância.

QUESTÕES PARA REVISÃO

1) As técnicas multivariadas podem ser divididas em dois grupos: as de dependência e as de independência, dependendo da relação examinada. Liste quais das mais conhecidas técnicas fazem parte do grupo de dependência e independência, preenchendo o quadro seguir.

Técnicas de dependência	Técnicas de interdependência

2) Na análise de dados multivariados, geralmente é necessário o cálculo de distâncias estatísticas para dar continuidade à utilização das técnicas. Uma das formas de se calcular a distância estatística é a técnica de Mahalanobis. Sobre ela, é correto afirmar que:

   a. não ajusta variância e covariância.
   b. variáveis aleatórias e suas variâncias têm peso nulo para o cálculo dessa distância.
   c. essa técnica não elimina possíveis correlações.
   d. essa técnica padroniza as variáveis para a mesma variância e elimina as possíveis correlações.
   e. quando é utilizada a distância de Mahalanobis, as variáveis transformadas são correlacionadas.

3) O coeficiente de Pearson é basicamente um teste estatístico para medir o grau de correlação linear entre duas variáveis. Sobre o coeficiente de Pearson, assinale a alternativa **incorreta**:

   a. As medidas são realizadas em relação à direção e/ou à intensidade entre as variáveis.
   b. Se o coeficiente calculado tiver resultado r = 1, a correlação é dada como perfeita e positiva entre as variáveis.
   c. Se o coeficiente calculado tiver resultado r = –1, a correlação é dada como perfeita e negativa entre as variáveis.
   d. Se o coeficiente calculado tiver resultado r = 0, a relação entre as duas variáveis é de não dependência linear entre si.
   e. Não pode existir outra dependência não linear caso r = 0.

4) Sobre as ideias relacionadas às distâncias, que nome se dá ao conceito relacionado com a proximidade ou não dos dados obtidos em relação ao maior ou menor valor observado? E qual a importância desse conceito para as posteriores técnicas multivariadas que serão abordadas?

5) Se construirmos um gráfico do lugar geométrico dos pontos, cuja distância estatística da origem seja de valor 1, qual será o resultado obtido?

    a. Um triângulo
    b. Uma circunferência
    c. Uma reta
    d. Uma elipse
    e. Um losango

Questões para reflexão

1) Uma informação interessante entre as variáveis aleatórias é que a correlação entre essas variáveis é igual à covariância entre elas. Como podemos provar esse fato?

2) Faça a construção de um gráfico do lugar geométrico dos pontos com distância estatística à origem de valor 1.

Conteúdos do capítulo
- Função, características e limitações da técnica multivariada de análise por agrupamentos.
- Similaridade e dissimilaridade nas medidas de agrupamento.
- Algoritmos de agrupamento.
- Classificação e diferenciação dos processos de agrupamento.
- Diferenciação de técnicas hierárquicas e não hierárquicas em relação à técnica multivariada de agrupamentos.

Após o estudo deste capítulo você será capaz de:
1. definir a análise de agrupamento;
2. verificar as limitações da análise de agrupamento;
3. compreender a ideia de similaridade nas medidas de agrupamento;
4. diferenciar algoritmo de agrupamento;
5. aprender a classificar e diferenciar os processos de agrupamento;
6. diferenciar técnicas hierárquicas e não hierárquicas de agrupamentos.

2
Análise de agrupamento

Quando precisamos juntar, agregar objetos usando o critério de suas características, estamos fazendo uma análise de agrupamento. Assim, de acordo com Hair Junior et al. (2009, p. 430): "A Análise por Agrupamento é um conjunto de técnicas multivariadas cuja finalidade principal é agregar objetos com base nas características que eles possuem". Essa análise pode receber outros nomes, como *análise Q*, *construção de tipologia*, *análise de classificação* e *taxonomia numérica*, entre outros, e isso ocorre porque esse método pode ser aplicado em muitas áreas, tais como psicologia, biologia, engenharia, administração, engenharia, economia etc.

A Análise por agrupamento se assemelha à análise fatorial, que será discutida no Capítulo 6 deste livro. A principal diferença entre as duas técnicas reside no fato de que a análise por agrupamento se concentra nas características, nos objetos, já na análise fatorial o que interessa é agregar variáveis (fatores). Além disso, a primeira, tratada neste capítulo, analisa os agrupamentos por meio das distâncias, ao passo que, no segundo caso, os agrupamentos são tratados com base em padrões de variação.

Antes de continuarmos a abordar a análise por agrupamento, vamos analisar algumas aplicações, visto que essa técnica vem sendo aplicada em diversas áreas. Assim, podemos encontrar aplicações da análise por agrupamento na área de *marketing*, no auxílio de descoberta de grupos distintos em bases de clientes, objetivando desenvolver programas de *marketing* direcionado. Um segundo exemplo que pode ser atribuído é na área de seguros, na identificação de grupos de riscos na hora de redigir contratos. Também é aplicada quando se trata de similaridades semânticas nas buscas do tipo www (*World Wide Web*). E ainda nos estudos de escalas de terremoto, com a análise de dados reais e sintéticos para previsão de eventos futuros.

2.1 Conceitos e objetivos

Como comentado anteriormente, a análise por agrupamento se concentra nos **objetos**, quando for realizada a escolha desses objetos, é necessária muita atenção aos grupos para que dentro do grupo se tenha a maior homogeneidade possível, e fora dos grupos (quando se faz comparação entre grupos), a maior heterogeneidade possível.

Aqui se faz necessário novamente ressaltar que a **variável** é o fator central a ser trabalhado, sendo assim, vale a pena ressaltar o conceito de **variável estatística de agrupamento**, que, segundo Hair Junior et al. (2009, p. 430), é definida como: "conjunto de variáveis que representam as características usadas para comparar objetos na análise de agrupamentos".

A partir dessa definição podemos perceber que, dentro da análise por agrupamento, a variável estatística é definida de modo diferente do que para outras técnicas de análise multivariadas. Nesse caso, ela compara objetos com base na variável estatística, ou seja, não é uma análise empírica; em outros casos, via de regra, a variável estatística é definida pelo pesquisador, o que torna o pesquisador em si parte do processo, e ainda mais, a parte principal.

Outra ideia a ser introduzida neste momento é a ideia de **classes**, que também podem ser chamadas de grupos ou *clusters* (que significa "aglomerar", "aglomeração"). Tais classes são construídas utilizando a ideia de níveis de semelhança, os quais são realizados com base em medidas de distância ou de similaridade.

Segundo Jardine e Sibson (1968), a análise por agrupamento subdivide-se em duas: a **classificação hierárquica** e a **classificação não hierárquica**, também chamada de *particionada*. É importante salientar que essa classificação, hierárquica ou não hierárquica, é independente das medidas de distância ou de similaridade adotadas.

O QUE É

- Classificação hierárquica – Classificação das classes estruturadas, ou seja, há uma hierarquia entre as classes (Hair Junior et al., 2005).
- Classificação não hierárquica – As classes estão uma ao lado da outra, sem classificação de importância (Hair Junior et al., 2005).

A classificação hierárquica é caracterizada pelas classes estruturadas, ou seja, há uma hierarquia entre as classes. Há classes mais específicas que abrigam classes menos específicas, como se fossem "partições encaixadas" uma dentro das outras. Já na classificação não hierárquica, as classes estão "uma do lado da outra", sem classificação de importância.

Exemplificando

Nem sempre é fácil entender o processo de classificação hierárquico. Mas Orair (2009) sugere um exemplo bastante simples e claro de como esse processo funciona e facilita o entendimento de outros conceitos: as aplicações em linguagens de programação. O autor afirma que o simples fato de haver possibilidades de definição de classes facilita o desenvolvimento da ideia de programação em sua forma mais genérica, principalmente quando se trata do ensino dessa programação, pois, segundo Orair (2009, p. 4), "esta é uma das formas mais simples de implementar e ensinar a programação genérica, uma vez que a intuição da geração e organização de conceitos por meio de hierarquia é muito com e facilmente compreendida". Ele cita ainda que aplicações como *e-mails*, repositórios de páginas da *web* e de artigos e bases de dados são exemplos de aplicação de processos hierárquicos que permitem a realização de enfoques específicos a cada nível durante a navegação.

Por fim, vale comentar que estamos tratando de dados que estarão dispostos em uma matriz do tipo A_{ij}, com *m* linhas e *n* colunas, sendo possível, como afirmam Stein e Loesch (2011), ter dois casos aqui:

1. Os *m* casos, cada um em sua linha da matriz;
2. as *n* variáveis, cada uma em sua coluna da matriz.

2.2 Princípio básico: funções de agrupamento

Nem sempre as medidas de dissemelhança são a melhor opção para classificar um processo na análise de agrupamento, principalmente quando se trata de classes já definidas. Então, se tivermos duas ou mais classes, como podemos medir a semelhança ou a dissemelhança entre elas e como faremos os agrupamentos ou "desagrupamentos"? Vamos abordar a seguir alguns desses principais métodos.

2.2.1 Método do vizinho mais próximo

Do em inglês *nearest neighbour* (vizinho mais próximo), *single-link* (único *link*) ou *connected* (conectado), esse método considera que a distância entre dois subgrupos é a menor distância entre elementos dos subgrupos (Linden, 2009). Matematicamente, teremos:

Equação 2.1

$$D_{AB} = \min d_{kl} \text{ com } k \in A \text{ e } l \in B$$

Vale comentar que esse método tende a produzir classes da forma "aglomerada", ou seja, os indivíduos podem até estar distantes entre si, mas pertencem à mesma classe, o que é chamado de *encadeamento*. Quando o analista constrói um dendrograma desse processo, a tendência é a geração de uma árvore com as classes com baixa definição, e as fusões acontecem de maneira muito rápida. Já do ponto de vista computacional, esse método é o que demanda menor tempo. Além disso, o método do vizinho mais próximo não varia com as transformações monótonas da dissemelhança.

> **O QUE É**
>
> Dendrograma – Gráfico, geralmente do tipo árvore (dendro), utilizado para representar dados ou variáveis dentro da análise por agrupamentos. Cada linha representa um nível de similaridade entre esses dados. (Hair Junior et al., 2009)

2.2.2 Método do vizinho mais distante

Do termo em inglês *furthest neighbour* (vizinho mais distante), *complete-link* (*link* completo) ou *compact* (compactar), esse método considera que a distância entre dois subgrupos é a maior distância entre elementos dos subgrupos (Linden, 2009). Matematicamente, a distância é dada por:

Equação 2.2

$$D_{AB} = \max d_{kl} \text{ com } k \in A \text{ e } l \in B$$

Aqui, teremos um método com uma tendência a produzir classes do tipo "esféricas", ou seja, não existem grandes diferenças entre as distâncias entre os pares de elementos mais distantes ao longo de qualquer direção. Além disso, assim como no caso do vizinho mais próximo, não há variação com as transformações monótonas da dissemelhança.

2.2.3 Método das distâncias médias entre grupos

Do termo em inglês *group average* (média do grupo) ou *average link* (*link médio*), o método das distâncias médias entre grupos considera que a distância entre as duas classes é a média das distâncias entre os elementos de cada classe ou subgrupo (Fávero; Belfiore, 2017). Matematicamente, a distância é dada por:

Equação 2.3

$$D_{AB} = \frac{1}{n_A n_B} \sum_{k=1}^{n_A} \sum_{l=1}^{n_B} d_{kl}$$

Nesse método, também há uma tendência a se produzir classes "esféricas" sem grandes diferenças entre as distâncias entre os pares de elementos distantes; e, ainda, considera-se que a dissemelhança entre elementos dos grupos não existe, mas sim uma matriz do tipo X_{nxm} de dados multivariados.

2.2.4 Método da inércia mínima ou método de Ward

Do termo em inglês *minimum variance method* (método de variância mínima), o método da inércia mínima ou método de Ward considera que temos a **inércia de uma classe A** quando há soma dos quadrados das diferenças entre os indivíduos e o chamado "indivíduo médio" da classe (Fávero; Belfiore, 2017). Se considerarmos $\bar{x}_l^G$ como a média dos valores da variável l para indivíduos da classe A, teremos:

Equação 2.4

$$I_A = \sum_{l=1}^{p} \left[\sum_{k \in A} (x_{kl} - \bar{x}_l^G)^2 \right]$$

Depois disso, poderemos pensar que distância entre duas classes, A e B, é propriamente o aumento da soma total das inércias quando esses grupos se juntam, e esse fato não afeta os grupos iniciais. Assim, temos:

Equação 2.5

$$D_{AB} = I_{A \cup B} - (I_A + I_B)$$

A partir desses resultados, podemos inferir que o método de inércia mínima tende, ao final de sua utilização, a ficar com um número muito aproximado, se não igual, de indivíduos.

2.2.5 Método dos centroides

Do termo em inglês *centroid method*, no método dos centroides, a distância entre duas classes é a distância entre os centros de gravidade das mesmas classes consideradas (Linden, 2009).

Equação 2.6

$$D_{AB} = \bar{x}_A - \bar{x}_B$$

Nesse método, também há aquela tendência à produção de classes "esféricas". Também podemos mencionar aqui que esse método pode produzir "inversões" no dendrograma, pois nada garante que existirá monotonia nas dissemelhaças pelo fato de ocorrerem sucessivas fusões.

> **O QUE É**
>
> Centroides – Valores médios para escores das discriminantes dos objetos em dado grupo.

2.3 Classificação dos agrupamentos

Para classificar a análise de agrupamentos, segundo Davis (1986), há quatro principais métodos, conforme indicamos a seguir:

1. **Método de partição** – Esse método tende a classificar, em funções de variáveis, as regiões no espaço que estão ocupadas com uma grande densidade, em comparação àquelas regiões com menor ocupação.
2. **Método de origem arbitrária** – Esse método busca classificar k observações, de conjuntos que foram definidos previamente. Esses pontos k serão os centroides e, depois, por similaridade, as outras observações serão agrupadas em torno deles, formando os agrupamentos.
3. **Método de similaridade mútua** – Esse método busca agrupar observações com similaridades em comum com as outras. Considera-se uma matriz do tipo S_{nxn}, em que todos os pares de observação são observados, contemplados e calculados. Depois disso, calcula-se, repetidamente, as similaridades de colunas até que sejam obtidas intercorrelações próximas ao valor de 1.
4. **Método de agrupamento hierárquico** – É a técnica mais comum, em que se obtém uma matriz de dados simétrica de similaridade. Inicialmente, considera-se a mais alta a similaridade ou a menor distância e, depois, escolhem-se os procedimentos de modo que, a cada rodada de aglomerações, ocorra uma diminuição de similaridade.

Mas a classificação mais conhecida para os métodos de aglomeração é a classificação hierárquica e não hierárquica. Vamos conhecer melhor essas classificações tão importantes.

2.3.1 Classificação hierárquica

Quando se faz necessária uma representação sintética de resultados e, ainda, uma comparação entre os objetos ou indivíduos em questão, um método bastante interessante é o da classificação hierárquica. Começamos com as classes mais elementares, cada qual com seu objeto de observação, e vão se agregando as classes, repetidamente, em pares de classes próximas em uma só até que se chegue em uma única classe. Para facilitar essa execução, utiliza-se uma representação gráfica chamada *dendrograma*, que proporciona uma visão de agrupamento com vários níveis, facilitando assim a escolha adequada de classificação. Veja o exemplo da Figura 2.1, a seguir.

Figura 2.1 – Classificação hierárquica planificada à esquerda e dendrograma à direita

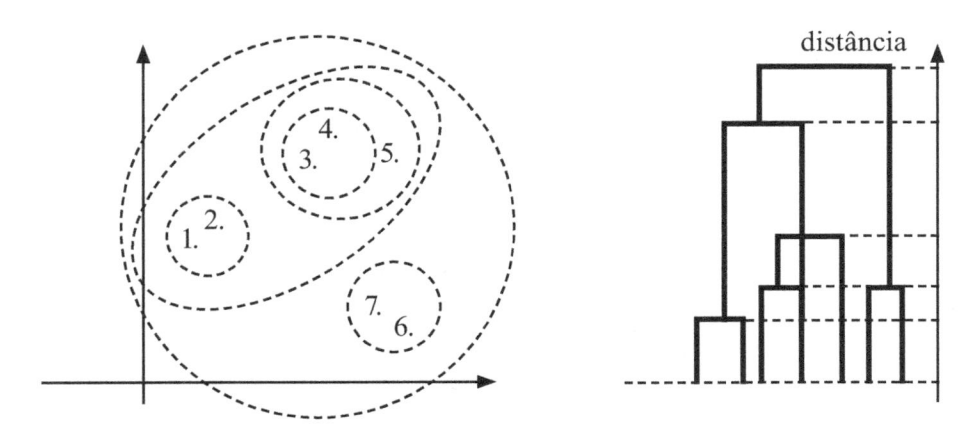

Quando se trata de hierarquia para classificação, é realizada a representação de estado das partições da totalidade dos objetos de observação em cada etapa de classificação. Assim, escrevemos uma lista de classes que representa um conjunto.

Tomaremos então objetos de classificação, teremos na hierarquia inicial e fazemos de cada classe um objeto de observação:

Equação 2.7

$$H_0 = (\{1\}, \{2\}, ..., \{m\})$$

E essa será a base do dendrograma com *m* classes. Se agregamos as classes {1} e {2}, vamos representar a nova hierarquia como:

Equação 2.8

$$H_1 = (\{\{1\}, \{2\}\}, \{3\}, ..., \{3\})$$

E o dendrograma terá m – 1 classes. Do nosso exemplo da Figura 2.1, teremos uma única classe representada:

Equação 2.9

$$H_6 = (\{\{1\}, \{2\}\}, \{\{\{3\}, \{4\}\}, \{5\}\}, \{\{6\}, \{7\}\})$$

2.3.2 Classificação não hierárquica

Se a necessidade agora é formar grupos de itens ou objetos, são utilizadas as ideias de agrupamento não hierárquico, principalmente se houver necessidade de que se tenha uma definição de partição inicial, pois, nesse caso, existe a flexibilidade de serem trocados os elementos enquanto o algoritmo está sendo executado.

Em geral, existe um procedimento que é adotado para os métodos não hierárquicos:

1. escolher a partição inicial utilizando o que se conhece do problema;
2. deslocar o objeto de um grupo para outro, mais conveniente;
3. verificar se o valor de critérios utilizado é o que realmente será mais conveniente.

Então se repete o processo, quantas vezes forem necessárias, até que sejam obtidas as melhorias desejadas.

Normalmente, métodos não hierárquicos são conhecidos pela sua eficiência com grandes números de dados ou observações. O método aglomerativo mais utilizado nesse caso é o das K-médias, que você irá conhecer melhor adiante.

2.4 Algoritmos de agrupamento

Os algoritmos de agrupamentos, também chamados de *heurísticas de agrupamento* pelo fato de serem necessários processos de aproximações progressivas dos problemas, são bastante importantes nessa técnica multivariada. A seguir, veremos os principais tipos de algoritmos na área de agrupamentos, bem como suas vantagens e desvantagens.

2.4.1 *K-means*

K-means ou K-médias é um tipo de algoritmo de agrupamento não hierárquico em que seu principal objetivo é minimizar a distância entre os elementos e os conjuntos, de maneira interativa, ou seja, se temos a medida da distância entre um ponto p_i de seu conjunto de agrupamento (*cluster*), podemos assim definir a distância do ponto ao centro mais próximo dele. Tomando, então, a distância por $\chi = \{x_1, x_2, ..., x_k\}$ e o conjunto dado como $d(p_i, \chi)$, podemos minimizar a função e escrever:

Equação 2.10

$$d(P, \chi) = \frac{1}{n} \sum_{i=1}^{n} d(p_i, \chi)^2$$

Podemos perceber, após analisar a função, que o algoritmo depende de um parâmetro com *k* agrupamentos que será predefinido pelo usuário com o objetivo de utilização exclusiva para o problema a ser desenvolvido ou resolvido.

Contudo, escolher o parâmetro dos agrupamentos também pode ser um problema, pois, normalmente, no início do desenvolvimento, não se conhece o número de agrupamentos. Mesmo assim, é possível descrever o algoritmo de *K-Means* conforme indicado na Figura 2.2, a seguir.

Figura 2.2 – Algoritmo do método de *K-means*

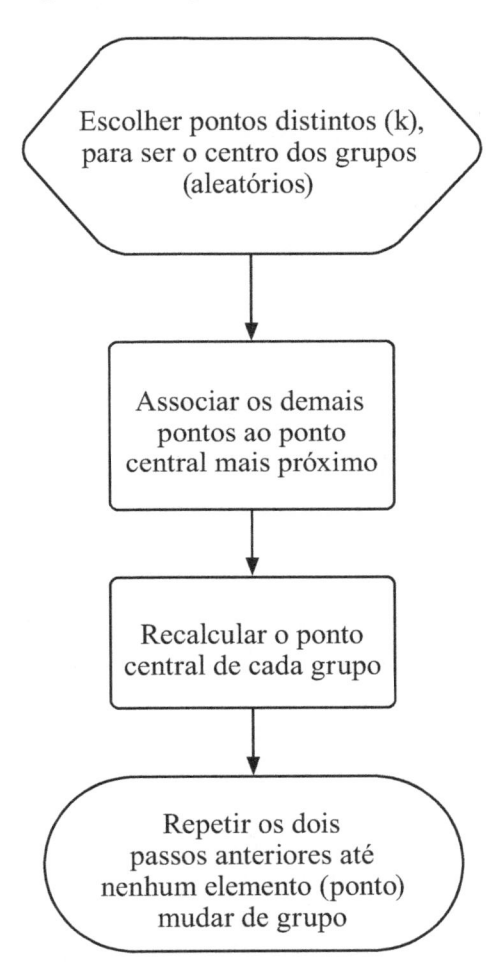

```
┌─────────────────────────┐
│ Escolher pontos         │
│ distintos (k), para ser │
│ o centro dos grupos     │
│ (aleatórios)            │
└───────────┬─────────────┘
            ▼
┌─────────────────────────┐
│ Associar os demais      │
│ pontos ao ponto         │
│ central mais próximo    │
└───────────┬─────────────┘
            ▼
┌─────────────────────────┐
│ Recalcular o ponto      │
│ central de cada grupo   │
└───────────┬─────────────┘
            ▼
┌─────────────────────────┐
│ Repetir os dois         │
│ passos anteriores até   │
│ nenhum elemento (ponto) │
│ mudar de grupo          │
└─────────────────────────┘
```

Como podemos observar, esse tipo de algoritmo é bastante rápido, pois serão necessárias poucas interações para se obter uma configuração de certa estabilidade, o que quer dizer que, nesse algoritmo, os elementos estarão próximos aos agrupamentos para os quais foram designados.

Na Figura 2.3, podemos ver em a) que há agrupamentos (circunferências maiores) e elementos (circunferências menores) e cada elemento pode ser designado para cada um dos grupos aleatoriamente. Porém, tendo em vista que essa não é a melhor configuração, em b), podemos perceber que alguns elementos foram designados para realizar a mudança de agrupamento, de modo que fiquem mais próximos dos centroides mais convenientes (mais próximos). Finalmente, em c), temos os centroides já recalculados e os elementos em sua posição final. Os processos b) e c) podem ser repetidos indefinidamente até que se decida pela melhor organização.

Figura 2.3 – Agrupamentos (circunferências maiores) e elementos (circunferências menores)

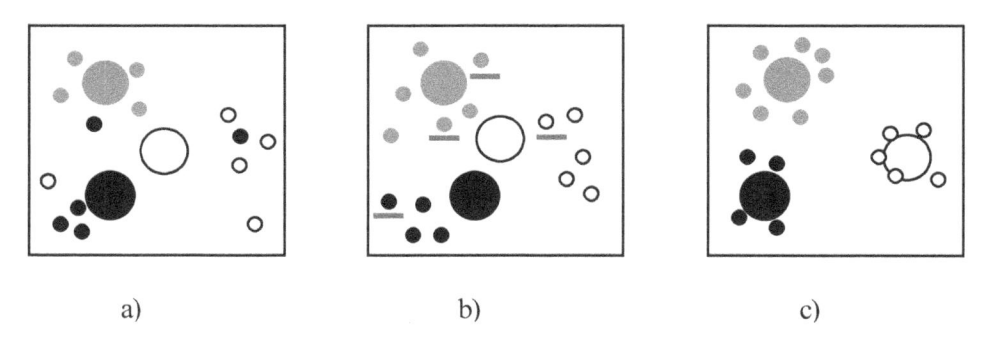

a)   b)   c)

Legenda: a) cada elelmento pode ser designado para cada um dos grupos aleatoriamente; b) alguns elementos foram designados à mudança de agrupamento; c) centróides já recalculados e os elementos em sua posição final.

Um problema que pode aparecer nesse tipo de algoritmo bastante simples é o fato de que ele se utiliza da homogeneidade como fator principal, mas acaba por deixar de lado uma questão bastante importante: a separação dos grupos. Grupos mal separados inicialmente ou separados de maneira arbitrária podem causar uma inicialização de centroides também ruim, e e então a execução do algoritmo de *K-means* pode ser mal feita, podendo causar um uso de energia em vão.

Outra questão a ser comentada é que essa má escolha dos agrupamentos pode interferir na qualidade dos resultados, pois poucos grupos podem causar uma proximidade entre dois grupos mais próximos, enquanto muitos grupos podem fazer com eles sejam particionados.

Como vantagem, podemos citar a simplicidade do método, demandando pouco tempo de implementação para programadores experientes. Outra vantagem a ser citada é que existem vários *sites* com demonstrativos desse algoritmo. Veja mais nas indicações ao final do capítulo.

2.4.2 Algoritmos hierárquicos

Como o nome sugere, o algoritmo hierárquico utiliza critérios de hieraquia para criar a relação entre os elementos dos grupos. Esse método é bastante utilizado na bioinformatica e, apesar de não se justificar estatisticamente, é uma técnica predefinida pelo usuário bastante efetiva.

Normalmente, esse algoritmo é separado em duas versões: **aglomerativa** ou **divisiva**.

Vamos iniciar pelo método aglomerativo, no qual trabalho é realizado juntando-se elementos até então isolados. Veja o esquema de algoritmo aglomerativo na Figura 2.4, a seguir.

Figura 2.4 – Esquema de algoritmo aglomerativo

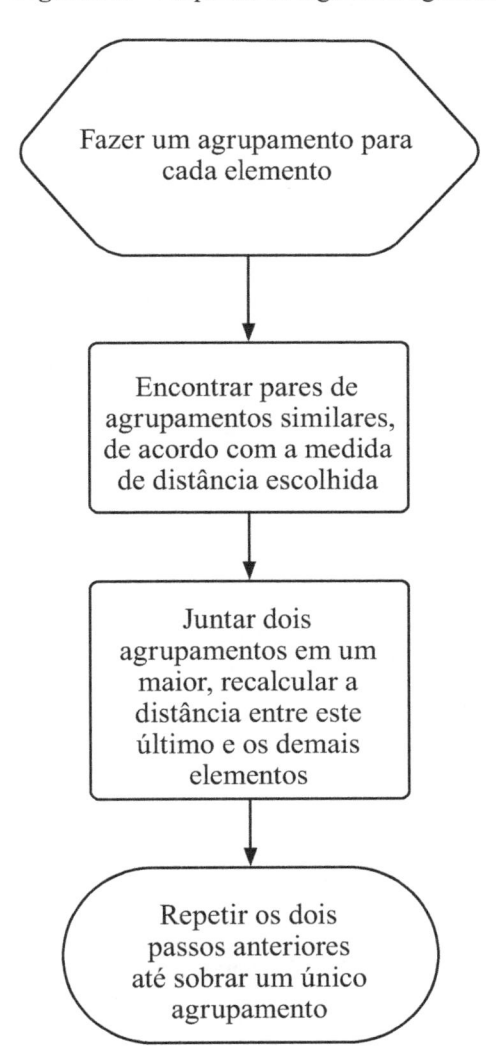

```
┌─────────────────────────┐
│  Fazer um agrupamento   │
│    para cada elemento   │
└───────────┬─────────────┘
            │
            ▼
┌─────────────────────────┐
│    Encontrar pares de   │
│  agrupamentos similares,│
│   de acordo com a medida│
│    de distância escolhida│
└───────────┬─────────────┘
            │
            ▼
┌─────────────────────────┐
│      Juntar dois        │
│   agrupamentos em um    │
│   maior, recalcular a   │
│   distância entre este  │
│    último e os demais   │
│        elementos        │
└───────────┬─────────────┘
            │
            ▼
┌─────────────────────────┐
│     Repetir os dois     │
│    passos anteriores    │
│   até sobrar um único   │
│       agrupamento       │
└─────────────────────────┘
```

Vamos a um exercício desse funcionamento para facilitar o entendimento.

Exercício resolvido

Vamos resolver um exercício de algoritmo aglomerativo. Primeiro, vamos informar alguns dados de pontos completamente aleatórios:

$$S = \{2; 4; 6,3; 9; 11,6\}$$

Após, organizaremos esses dados em grupos, utilizando a distância euclidiana e organizando os grupos na forma de matriz:

$$D = \begin{bmatrix} 0 & & & & \\ 2 & 0 & & & \\ 4,3 & 2,3 & 0 & & \\ 7 & 5 & 2,7 & 0 & \\ 9,6 & 7,6 & 5,3 & 2,6 & 0 \end{bmatrix}$$

Esses dados estão organizados na forma aglomeração linear na Figura 2.4, item I. Na Figura 2.4, item II, podemos observar que os elementos que estão mais próximos são o 2 e o 4, e assim foi reorganizado o agrupamento.

Recalculando as distâncias e substituindo, na matriz, os elementos agrupados pela sua média 3, teremos:

$$D = \begin{bmatrix} 0 & & & \\ 3,3 & 0 & & \\ 6 & 2,7 & 0 & \\ 8,6 & 5,3 & 2,6 & 0 \end{bmatrix}$$

Novamente, podemos observar, na Figura 2.4, item III, que após a substituição teremos a proximidade dos valores 9 e 11,6 e estes serão "trocados" pelo valor de sua média –10,3.

Novamente vamos recalcular as distâncias e encontraremos a seguinte matriz:

$$D = \begin{bmatrix} 0 & & \\ 3,3 & 0 & \\ 7,3 & 4 & 0 \end{bmatrix}$$

Nesse próximo agrupamento, verificamos a proximidade de 3 e 6,3, ficando com a Figura 2.4, item IV.

Finalmente, teremos um último agrupamento, dos elementos finais, na Figura 2.4, item V.

Cada linha da figura representa um passo dado na tentativa de aglomeração dos dados.

Figura 2.4 – Representação em forma de dendrograma do exercícioCada linha da figura representa um passo dado na tentativa de aglomeração dos dados

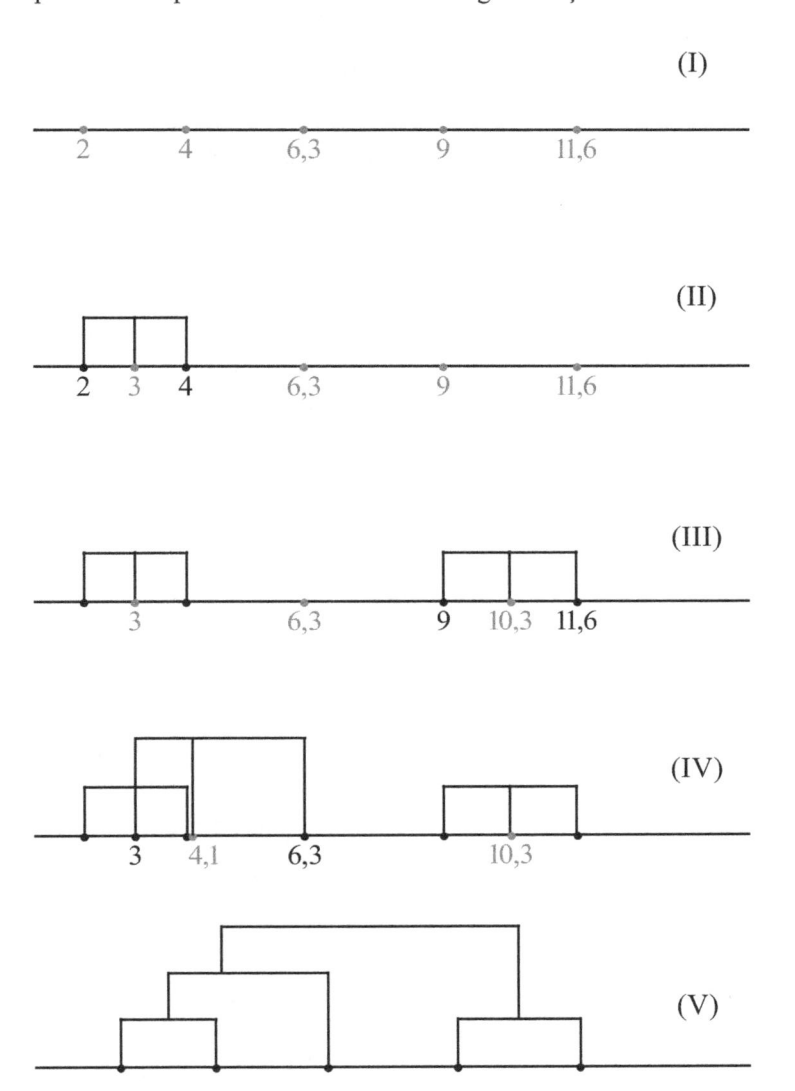

(I)

2   4   6,3   9   11,6

(II)

2 3 4   6,3   9   11,6

(III)

3   6,3   9 10,3 11,6

(IV)

3 4,1 6,3   10,3

(V)

Como fizemos a representação matricial e utilizando o dendrograma, por ser a forma mais intuitiva de representar as ordens dos agrupamentos, é importante salientar que as linhas de ligação mais altas dos agrupamentos mostram as últimas aglomerações realizadas, ou seja, as linhas que ligam dois aglomerados são diretamente proporcionais às distâncias calculadas.

Ainda vale salientar que podemos utilizar três formas distintas para medir as distâncias entre os grupos. A primeira delas, denominada *single-link*, é obtida com base nas distâncias entre seus pontos próximos, assim, também é chamada de *vizinho mais próximo*. Esse método prioriza elementos próximos, deixando em segundo plano os elementos mais distantes. A segunda forma é a *average-link*, na qual as distâncias são dadas pelas distâncias dos centroides de cada grupo, mas o grande problema aqui é que, a cada aglomeração, é necessário recalcular a distância dos centroides. Por fim, temos a *complete-link*, que utiliza a distância entre os pontos mais distantes para determinar a distância entre os agrupamentos.

Veja a Figura 2.5 com os esquemas de medidas entre distâncias de agrupamentos nos algoritmos hierárquicos.

Figura 2.5 – Medida de distância entre agrupamentos para algoritmos hierárquicos

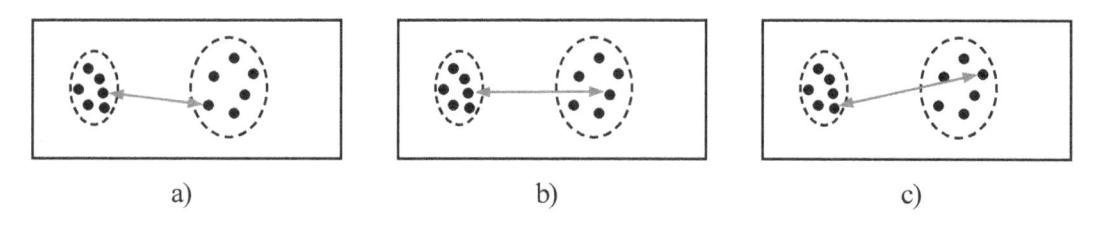

Legenda: a) *single-link*; b) *average link*; c) *complete-link*.

Os três métodos de escolha de cálculo de distâncias não são equivalentes, assim, a escolha entre eles pode gerar resultados bastante diferentes.

Agora, vamos ver o método divisivo relacionado aos algoritmos hierárquicos. Nele, inicia-se com apenas um agrupamento para depois começar a dividi-lo. Para isso, é necessária, a cada iteração, a utilização do chamado *algoritmo flat* (o qual inicia com particionamento randômico, que depois será refinado a cada iteração), como o *K-means*, por exemplo, para que possam ser subdivididos os agrupamentos. Esse processo pode ser repetido até que seja obtido um único elemento, dependendo da escolha do pesquisador.

Outra questão, que pode não ser exatamente intuitiva, é que não necessariamente se divide um agrupamento em dois; ele pode ser dividido em qualquer número de novos agrupamentos, utilizando-se uma "métrica de otimização de custo de cortes" (Linden, 2009), na qual os agrupamentos gerados possam ter a maior coesão possível.

Veja isso matematicamente. Tomemos como dados:

$$V = \{v_1, v_2, ..., v_n\} \rightarrow \text{dados dos objetos existentes;}$$

$$\{C_1, C_2, ..., C_k\} \mid V \bigcup_{i=1}^{k} C_i \rightarrow \text{particionamento dos objetos.}$$

Assim, a similaridade *intra-cluster* (grupos com homogeneidade entre os seus elementos ou dados) será dada por:

Equação 2.11

$$\text{intra}_p = \sum_{v_i, v_j \in C_p} \text{sim}(v_i, v_j)$$

E a similaridade *extra-cluster* (grupos com heterogeneidade entre seus elementos ou dados) será dada por:

Equação 2.12

$$\text{extra}_p = \sum_{v_i \in C_p, v_j \notin C_p} \text{sim}(v_i, v_j)$$

Nesta fase, é possível escolher o menor custo possível, dividindo o valor *intra-cluster* pelo valor *extra-cluster*:

Equação 2.13

$$\text{custo}_k = \sum_{p=1,2,\ldots,k} \frac{\text{intra}_p}{\text{extra}_p}$$

Computacionalmente, essa técnica demanda muito tempo e memória, pois a cada iteração há muitas possibilidades de particionamentos. Assim, esse método pode ser delimitado com a inserção de um chamado *valor de teto*, mas, do mesmo modo, o tempo de execução pode ser bastante extenso. Além disso, podemos afirmar que o método divisivo é mais complexo pelo fato de depender de um algoritmo do tipo *float* (com elementos variáveis ou flutuantes), ou seja, ele tem elementos que se baseiam em números reais, que abrangem os números positivos, negativos, fracionários etc. Então, quais são as vantagens desse método?

A primeira delas é que não há necessidade de recálculo das distâncias dos agrupamentos a cada passo, e o procedimento pode ser interrompido antes do término, o que tornaria essa versão mais rápida em relação à aglomerativa. A segunda vantagem é que, como no início há apenas um agrupamento, o analista tem todas as informações de antemão, o que geralmente torna as informações finais mais fiéis.

2.4.3 Mapas de características auto-organizáveis

Para analisar os mapas auto-organizáveis, antes precisamos definir a ideia de **sistema**. Segundo o *Dicionário Priberam da Língua Portuguesa*, uma das possíveis definições de sistema, e a que mais se adequa ao nosso tema é: "Combinação de partes reunidas para concorrerem para um resultado, de modo a formarem um conjunto" (Sistema, 2022).

Então podemos afirmar que sistemas contam com uma organização para se obter um fim específico. Além disso, essa organização pode ocorrer de duas formas. A primeira delas é externa, ou seja, acaba sendo, de certo modo, imposta por fatores externos. A outra é a auto-organização, que nos interessa mais neste momento, e que ocorre quando o sistema evolui, organizadamente, por si só, sem auxílio ou intervenção externa. O exemplo de auto-organização mais importante que temos é a do cérebro humano.

Sabemos que o cérebro é um sistema que aprende espontaneamente, sem necessidade, por exemplo, de um professor. Hebb (1949) afirma, em seu texto sobre o cérebro humano, que se certo neurônio A repetida e persistentemente acaba por auxiliar a "disparar" outro neurônio, B, se tem uma maior eficácia e a associação entre as celulás aumenta. Tais mudanças ocorrem com o aumento do número de transmissores, da ligação sináptica ou com a formação de novas sinapses. Assim, podemos afirmar que o cérebro é um sistema auto-organizável.

O que nos interessa aqui são os resultados da auto-organização cerebral, que são a formação de mapas com características topológicas lineares ou planares. Segundo Linden (2009), um dos primeiros a trazer essa ideia foi o Dr. Tuevo Kohonem, que trabalhou no que hoje denominamos *redes de Kohonem,* partindo dessa auto-organização e das consequências delas, conhecidas como *redes auto-organizáveis,* ou do inglês SOFMs (*self-organizing feature maps*).

As redes de Kohonem têm duas camadas, uma de entrada e outra competitiva. Os neurônios da camada de entrada representam uma dimensão de padrão de entrada e acabam "distribuindo" os componentes vetoriais para a outra camada, a competitiva. Veja Figura 2.6, a seguir.

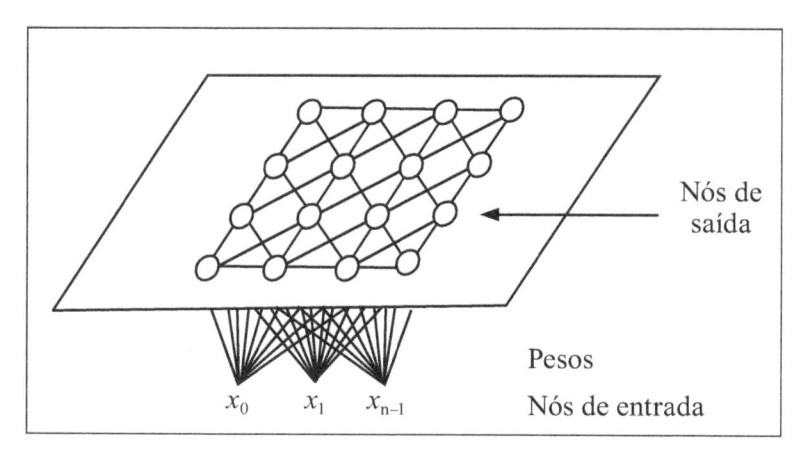

Figura 2.6 – Exemplo de topologia de rede de Kohonem

Fonte: Linden, 2009, p. 31.

Podemos constatar que os neurônios de camada de entrada estão ligados a neurônios de camada de saída (com pesos). Já os neurônios de saída estão ligados a neurônios da mesma camada (vizinhança).

Observando o modelo, verificamos que os neurônios da camada competitiva recebem a soma da média ponderada das entradas, e sua vizinhança, e pode ter neurônios. Ainda pode estar organizada em dimensões.

Neurônios excitados irão disparar ao receber uma entrada, e isso, em um efeito cascata, poderá excitar o neurônio vizinho. Quando se iniciam, esses processos sinápticos podemos ser de três tipos:

1. **competição**, em que o maior valor é o selecionado e acaba por determinar a localização do centro da vizinhança, ou seja, quais neurônios serão excitados;
2. **cooperação**, em que os nerônios que são vizinhos do neurônio de maior valor serão excitados por função de sua vizinhaça;
3. **adaptação sináptica**, em que neurônios excitados acabam por ajustar seus pesos sinápticos após a seleção do neurônio de maior valor, o que acaba ajustando positivamente os elementos mais próximos e inibindo os elementos mais distantes.

Veja a representação da adaptação cináptica na Figura 2.7, a seguir.

Figura 2.7 – Saída de elementos da vizinhança do neurônio vencedor com ajuste de pesos sinápticos

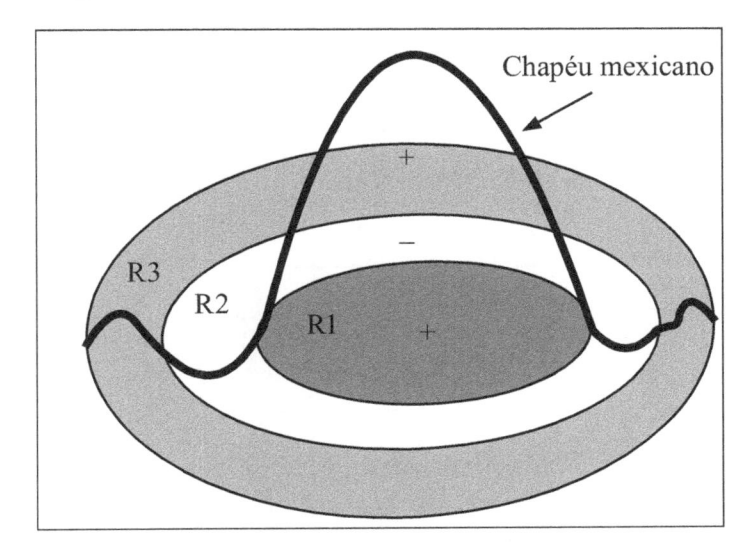

Fonte: Linden, 2009, p. 31.

Podemos ver que elementos próximos são ajustados positivamente e elementos distantes são inibidos. Elementos muito distantes recebem ajuste positivo para evitar *outliers*.

Assim, podemos escrever um algoritmo para o método auto-organizável como indicado na figura a seguir.

Figura 2.8 – Algoritmo para o método auto-organizável

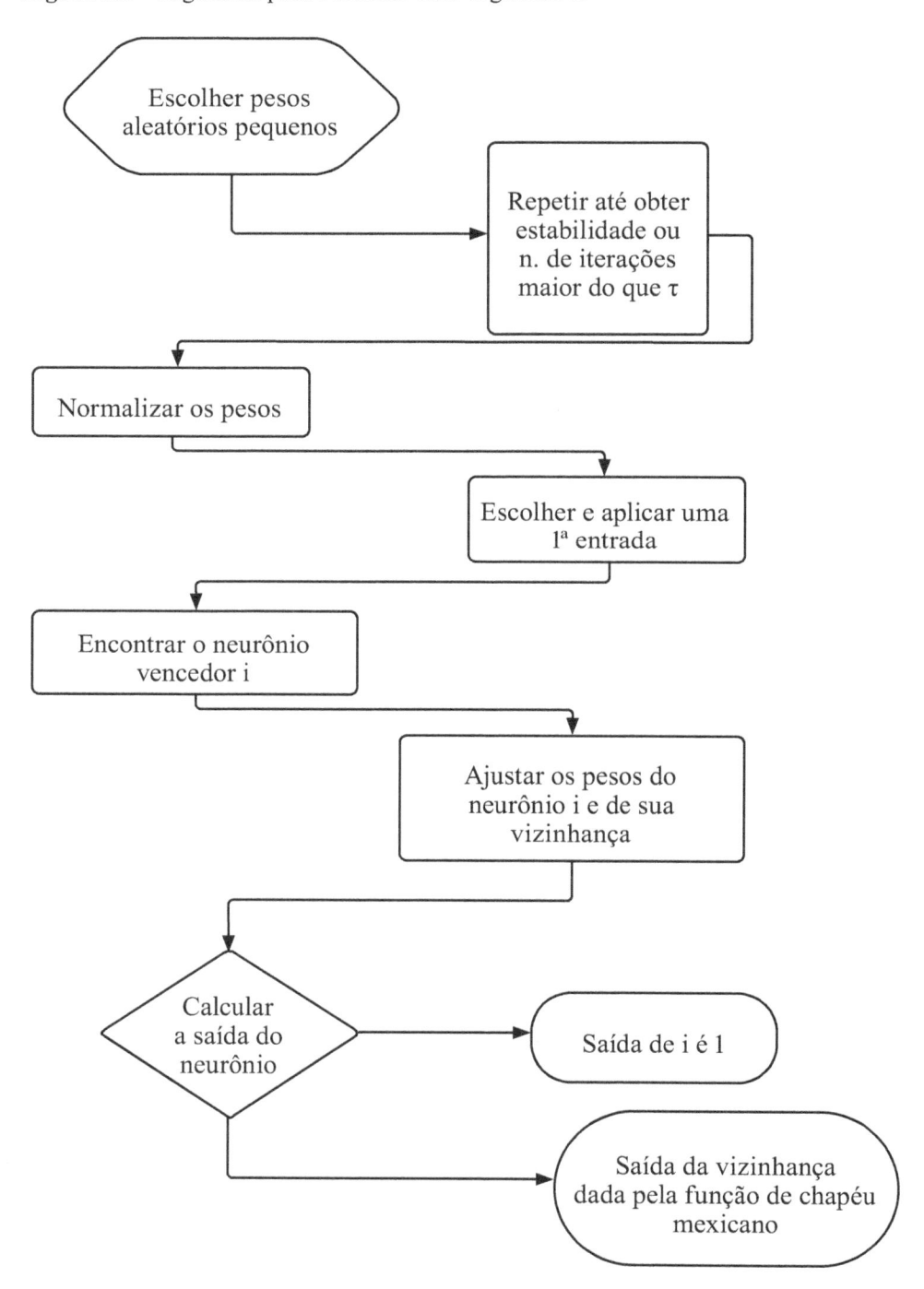

```
Escolher pesos aleatórios pequenos
    ↓
Repetir até obter estabilidade ou n. de iterações maior do que τ
    ↓
Normalizar os pesos
    ↓
Escolher e aplicar uma 1ª entrada
    ↓
Encontrar o neurônio vencedor i
    ↓
Ajustar os pesos do neurônio i e de sua vizinhança
    ↓
Calcular a saída do neurônio
    → Saída de i é 1
    → Saída da vizinhança dada pela função de chapéu mexicano
```

Podemos apontar como desvantagens desse método o fato de esse tipo de sistema ser uma espécie de "caixa-preta" (sistema em que se conhecem somente dados de entrada e saída, ou seja, o funcionamento interno não é acessível ao usuário), pois não há garantias de que funcionará com redes muito grandes e nem o tempo necessário para se obter sucesso, pois esse método depende da velocidade de treinamento do sistema. No entanto, como vantagens podemos citar que se trata de um sistema ótimo para resolver problemas de classificação e, além de descobrir, ele ajuda a organizar os agrupamentos.

2.4.4 Métodos baseados em grafos

Existe um modelo matemático que representa relações entre os objetos, denominado *grafo*, que nada mais é do que um conjunto representado por G = (V, E), em que *V* é o conjunto de infinitos pontos (nós ou vértices) e *E* é a relação entre eles (conjunto de pares).

Para entender melhor o modelo *grafo*, observe a Figura 2.9, a seguir.

Figura 2.9 – Exemplos de grafos

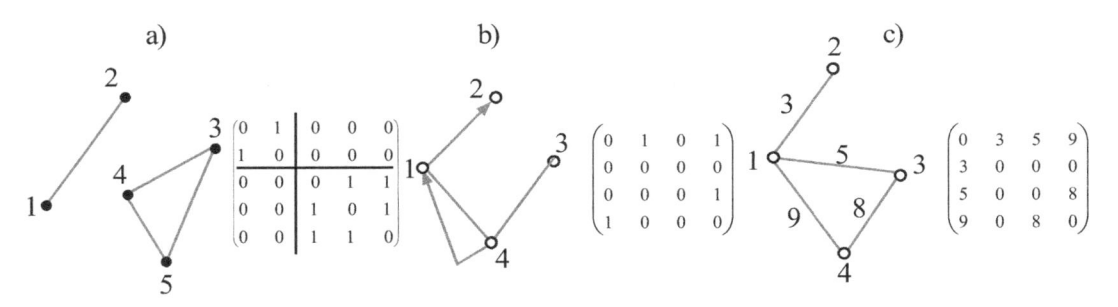

Legenda: a) não direcionado, não conectado, não rotulado e de clique; b) direcionado, não rotulado, não conectado, não é rede; c) não direcionado, conectado e rotulado.

Um grafo é conectado quando existe um caminho entre dois nós do grafo. Ele é classificado como completo caso todos os pares de vértices estejam conectados por arestas. Um grafo de clique existe quando cada componente conectado está completo. Além disso, ele é classificado como direcionado ou dirigido como um grafo que começa em seu arco da ponta inicial e termina em seu arco da ponta final, caso contrário, ele será considerado não direcionado. Vale mencionar ainda que um grafo rotulado é aquele que, para cada um de seus vérices, há uma associação, da mesma forma, caso isso não ocorra, trata-se de grafos não rotulados.

Então é possível agrupar elementos utilizando um grafo. Nesse caso, cada vértice do grafo representa um elemento do conjunto em consideração e as arestas são a forma de representação das distâncias entre os mesmos elementos. Assim, a forma mais simples de estabelecer essas ligações é conectando um vértice a outro restante, e o peso será a similaridade entre os dados e o agrupamento.

A grande dificuldade encontrada aqui é que se faz necessário utilizar o cálculo das medidas de similaridade para realizar o processo de agrupamento, porém, segundo Shaeffer (2007), o resultado que será obtido poderá ser uma partição ou uma hierarquia de partições, fato que o autor analisa profundamente em seu trabalho.

2.5 Coeficiente de correlação cofenética (CCC)

Sokal e Rohlf (1962) definiram o CCC (coeficiente de correlação cofenética). Essa definição ainda hoje é utilizada como medida de validação. Essa medida relaciona as matrizes de semelhança e valores que são obtidos pelo dendrograma.

> **O QUE É**
>
> Cofenética – Uma função do tipo cofenética é uma função que faz uma comparação entre dois conjuntos, e posteriormente calcula sua correlação. Ela é apresentada, geralmente em forma de matriz, obtida por meio de um dendrograma (Cargnelutti Filho; Ribeiro; Burin, 2010).

Podemos assim supor que a medida de um dendrograma, quando aplicado um método hierárquico, nada mais é do que os valores da matriz de semelhança ou as distâncias entre os dados.

Esse método é um dos mais utilizados métodos de validação interna. E seus autores, Sokal e Rohlf (1962), propõem que existem relações entre os pares de distâncias do tipo (d_{ij}, d^*_{ij}) para depois se utilizar a correlação de Pearson. Nesse caso, temos que d_{ij} é a distância original entre os objetos observados, i e j são as próprias observações, e d^*_{ij} é a distância entre i e j matriz (proximidade derivada).

Precisamente, o CCC é uma correlação entre os elementos da matriz (semelhança ou distância) e os coeficientes de fusão, ou seja, a semelhança ou distância dos indivíduos quando eles se unem pela primeira vez.

Lembrando que essa medida é somente utilizada quando há métodos hierárquicos de aglomeração, sendo considerada a seguinte classificação:

- valores próximos a 1 – trata-se de uma solução de boa qualidade;
- valores abaixo de 0,8 – deve-se pensar na possibilidade de utilizar outra estrutura hierárquica mais adequada.

Farris (1969) foi bastante criticado quando afirmou que o tamanho dos grupos não era razão suficiente para o aceite ou não como justificativa para se utilizar a técnica, em razão de esse método ser um método hierárquico aglomerativo.

Para saber mais

Para conhecer melhor as aplicações da análise de agrupamentos, você pode realizar a leitura dos artigos selecionados aqui:

BRAZ, A. M. et al. Análise de agrupamento (Cluster) para tipologia de paisagens. **Mercator**, Fortaleza, v. 19, 2020. Disponível em: <https://doi.org/10.4215/rm2020.e19011>. Acesso em: 10 jul. 2023.

ROSA, V.; PINTO, R. L.; OLIVEIRA, P. B. de. Aplicação de técnicas de análise cluster no setor imobiliário em uma cidade do interior de Minas Gerais. In: CONGRESSSO BRASILEIRO DE ENGENHARIA DE PRODUÇÃO, 8., 2018, Ponta Grossa. Disponível em: <https://www.researchgate.net/publication/333667032_Aplicacao_de_tecnicas_de_analise_cluster_no_setor_imobiliario_em_uma_cidade_do_interior_de_Minas_Gerais>. Acesso em: 10 jul. 2023.

TANAKA, O. Y. et al. Uso da análise de clusters como ferramenta de apoio à gestão no SUS. **Saúde e Sociedade**, v. 24, n. 1, p. 34-45, 2015. Disponível em: <https://doi.org/10.1590/S0104-12902015000100003>. Acesso em: 10 jul. 2023.

Caso queira saber mais sobre os grafos, acesse:

UFSC – Universidade Federal de Santa Catarina. **Conceito básicos da teoria de grafos**. Disponível em: <https://www.inf.ufsc.br/grafos/definicoes/definicao.html>. Acesso em: 10 jul. 2023.

Síntese

Neste capítulo, abordamos inicialmente a ideia de que "A Análise por Agrupamento é um conjunto de técnicas multivariadas cuja finalidade principal é agregar objetos com base nas características que eles possuem" (Hair Junior et al., 2009, p. 430), bastante semelhante à ideia de análise fatorial. Depois comentamos que a análise por agrupamento se concentra nos **objetos** e que temos que nos atentar a escolher muito bem os grupos para que, dentro do grupo, haja a maior homogeneidade possível. Também destacamos que podemos classificar as estruturas em hierárquicas e não hierárquicas e conhecemos as principais funções dentro dos agrupamentos. Demonstramos como classificar os agrupamentos e elencamos alguns algoritmos de agrupamentos que facilitam quando há a necessidade de processos de aproximações progressivas. Por fim, evidenciamos que o CCC relaciona as matrizes de semelhança e valores que são obtidos pelo dendrograma.

QUESTÕES PARA REVISÃO

1) (FCC – 2018 – TRT) O dendrograma é um recurso gráfico utilizado na análise multivariada. Esse recurso é frequentemente utilizado na Análise:

   a. de séries temporais.
   b. de correspondência.
   c. fatorial.
   d. de conglomerados.
   e. de discriminante.

2) Na análise por agrupamento, também conhecida como *cluster*, temos uma técnica que consiste em separar indivíduos ou dados em grupos de acordo com suas variáveis. Basicamente, aloca-se em um mesmo grupo unidades que apresentam similaridades de acordo com os critérios preestabelecidos. Com relação a essa técnica, analise as afirmações a seguir, observando se são verdadeiras (V) ou falsas (F):

   I. O conceito de similaridade é fundamental, uma vez que envolve as ideias de associações e distâncias.
   II. É fundamental supor que os dados possuam normalidade.
   III. Para poder utilizar essa técnica, é necessário que os dados sejam quantitativos.
   IV. Decidir previamente quantos grupos serão utilizados é necessário para aplicar, posteriormente, a técnica das K-médias.

   Assinale a alternativa que apresenta a resposta correta:

   a. Apenas as afirmativas I, II e III são verdadeiras.
   b. Apenas as afirmativas III e IV são verdadeiras.
   c. Apenas as afirmativas II e III são verdadeiras.
   d. Apenas a afirmativa I é verdadeira.
   e. Todas as afirmativas são verdadeiras.

3) Sobre a análise de agrupamentos, abordamos o método *K-means* e o método hierárquico. Quais tipos de variáveis, qualitativas ou quantitativas, pode(m) ser utilizada(s) em cada um dos métodos?

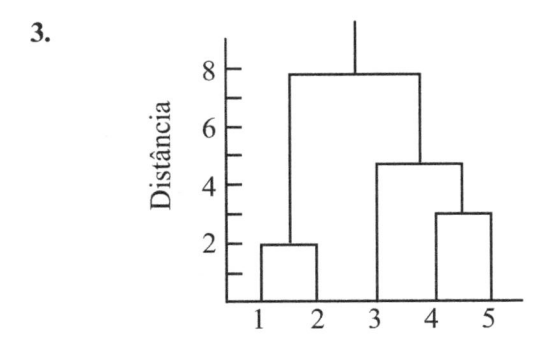

4) Uma das formas gráficas que se utiliza para facilitar a análise de agrupamentos é o dendrograma. A seguir, são apresentados três dendrogramas. Um relacionado à técnica de ligação do vizinho mais distante, um relacionado à técnica do vizinho mais próximo e, finalmente, um relacionado à técnica da ligação média de grupo. Identifique à qual técnica cada dendrograma pertence, justificando sua resposta.

Dendrogramas

1.

2.

3.

5) Entre as técnicas de aglomeração, temos o CCC, de Sokal e Rohlf (1962). Sobre essa técnica assinale a alternativa que apresenta a afirmação **incorreta**:

   a. O CCC relaciona as matrizes de semelhança e valores que são obtidos pelo dendrograma.
   b. O CCC é uma correlação entre os elementos da matriz e os coeficientes de fusão, ou seja, a semelhança ou distância dos indivíduos quando eles se unem pela primeira vez.
   c. Esse método é um dos mais utilizados métodos de validação interna.
   d. Essa medida é somente utilizada quando há métodos não hierárquicos de aglomeração.
   e. Caso tenhamos como resultado da técnica valores próximos a 1, significa que temos solução de boa qualidade.

Questões para reflexão

1) Para a análise de agrupamento, nem sempre as medidas de dissemelhança são a melhor opção para classificar um processo, principalmente quando elas têm classes já definidas. Quais são as principais técnicas para medir a semelhança ou dissemelhança nesse caso?

2) Entender quando empregar técnicas hierárquicas e não hierárquicas na análise de agrupamento é uma das partes mais importantes desse processo. Assim, enumere as condições de uso cada uma dessas abordagens.

Conteúdos do capítulo
- Análise multivariada de variância ou análise de multivariância (MANOVA – do termo em inglês *Multivariate Analysis of Variance*).
- Condições de utilização da MANOVA.
- Testes de significância.
- Comparações múltiplas e testes de contrastes ortogonais.
- Aplicação de técnicas.aplicação de algumas técnicas apresentadas no capítulo.

Após o estudo deste capítulo você será capaz de:
1. descrever os propósitos da análise de variância multivariada (MANOVA);
2. diferenciar ANOVA de MANOVA;
3. explicar a hipótese nula multivariada;
4. discutir testes de significância para a MANOVA;
5. interpretar resultados de testes de significância e outros resultados em MANOVA;
6. descrever os propósitos da análise multivariada de covariância.

3
Análise de variância multivariada

3.1 Conceitos e objetivos

A MANOVA (do termo em inglês *Multivariate Analysis of Variance*) pode ser definida como uma extensão da ANOVA (do termo em inglês *Analysis of Variance*), sendo que a diferença básica é que se acomoda mais de uma variável dependente. Segundo a definição de Hair Junior et al. (2009, p. 303), a MANOVA pode ser descrita como: "técnica de dependência que mede as diferenças para duas ou mais variáveis dependentes métricas, com base em um conjunto de variáveis categóricas (não métricas) que atuam como variáveis independentes".

Podemos afirmar, de modo mais simples, que a MANOVA é utilizada para verificar, investigar, se as médias dos vetores tratados são iguais e, caso não sejam, apontar por que motivo isso estaria ocorrendo, qual seria o vetor que está alterando essa análise. Ou ainda, indicando de outro modo, a MANOVA é um método para analisar medidas repetidas ou comparar médias de medidas entre grupos, quando esses grupos são contínuos e obedecem a certos pressupostos.

Assim, a MANOVA é indicada para quando existe uma correlação forte entre as variáveis, e ela considera simultaneamente todas as variáveis de interesse.

Quando se compara a ANOVA com a MANOVA, para a primeira, testa-se a igualdade das médias dentro dos grupos, e para a segunda, o teste é realizado para a igualdade dos vetores das médias. Quando se aplica a ANOVA, a nulidade é tratada juntamente à hipótese da igualdade das médias dos grupos, porém, na MANOVA, ela aparece quando se trabalha com a igualdade dos vetores das médias nas múltiplas variáveis dependentes.

Com isso, podemos afirmar que uma vantagem da MANOVA, quando comparada com sucessivas ANOVAS, é que o analista pode levar em conta as covariâncias entre as variáveis e se as estas têm correlações que não serão nulas.

As principais questões a serem levadas em consideração quando falamos em MANOVAS são as seguintes:

- as amostras devem ser aleatórias e devem vir de populações normais, além de seguir uma distribuição normal multivariada.
- as amostras devem pertencer a grupos da população com variâncias idênticas, gerando matrizes igualdades de variância e covariância.

3.2 Condições para a realização da análise de variância multivariada

Sempre que se trata da MANOVA, é necessário que o analista observe algumas pressuposições na estrutura dos dados de que dispõe ou está obtendo:

1. os dados, na forma $X_{i1}, X_{i2}, ..., X_{in}$, devem provir de uma amostra aleatória e ter tratamentos independentes – essa amostra deverá ter tamanho n_i e sua média deverá ser do tipo: μ_i, em que $i = 1, 2, ..., g$;
2. os tratamentos dos dados devem ter todos, a mesma covariância (em geral E, como visto no Capítulo 1);
3. quando se refere aos tratamentos, todos eles devem ter distribuição normal multivariada.

Assim, podemos escrever um modelo em que cada componente é um vetor de *p* componentes:

Equação 3.1

$$X_{ij} = \mu + \tau_i + e_{ij}$$

Nessa expressão, temos: $i = 1, 2, ..., g$ e $j = 1, 2, ..., n_i$.

Se levarmos em conta que o termo e_{ij} é independente e tem sua distribuição de maneira idêntica; que os valores de $N_p(0, \Sigma)$ são assim dados para todo *i* e *j*; que μ é um vetor da média geral e que τ_i é o i-ésimo vetor de efeito de tratamento, podemos adotar até mesmo uma restrição parametrizada do seguinte tipo:

Equação 3.2

$$\sum_{i=1}^{g} n_i \tau_i = 0$$

Ainda, se observarmos a Equação 3.2 podemos ver que os erros do vetor X_{ij} são correlacionados e a matriz de covariância é a mesma para todos os tratamentos, obedecendo as primeiras pressuposições que fizemos.

Agora que temos esses fatos descritos e analisados, podemos ver que esse vetor poderá ser decomposto e escrito da seguinte forma, conforme Tabela 3.1:

Tabela 3.1 – Vetor de observação decomposto

$\overline{X}_{ij}$	$\overline{X}_{..}\ +$	$(\overline{X}_{i.} - \overline{X}_{..}) +$	$(\overline{X}_{ij} - \overline{X}_{i.})$
Observação	Estimativa da média geral	Estimativa do efeito do tratamento	resíduo

Ou seja: soma de quadrados e produtos (SQP) = SQP dos tratamentos + SQP dos resíduos.

Observe a equação a seguir:

Equação 3.3

$$\sum_{i=1}^{g}\sum_{j=1}^{n_i}(\overline{X}_{ij} - \overline{X}_{..})(\overline{X}_{ij} - \overline{X}_{..})^t = \sum_{i=1}^{g} n_i (\overline{X}_{i.} - \overline{X}_{..})(\overline{X}_{i.} - \overline{X}_{..})^t + \sum_{i=1}^{g}\sum_{j=1}^{n_i}(\overline{X}_{ij} - \overline{X}_{i.})(\overline{X}_{ij} - \overline{X}_{i.})^t$$

Essa soma de quadrados e produtos pode ser escrita da forma em que o S_i seja a matriz de covariância de um espaço amostral de i-ésimo tratamento:

Equação 3.4

$$E = \sum_{i=1}^{g}\sum_{j=1}^{n_i}(\overline{X}_{ij} - \overline{X}_{i.})(\overline{X}_{ij} - \overline{X}_{i.})^t = (n_1 - 1)S_1 + (n_2 - 1)S_2 + \ldots + (n_g - 1)S_g$$

3.3 Testes de significância

Depois de decidir realizar uma MANOVA, é necessário testar algumas hipóteses nos tratamentos dos dados coletados, o primeiro deles pode ser a hipótese de inexistência de efeitos de tratamentos, que é realizada quando comparadas as magnitudes das somas dos quadrados e produtos com o resíduo. Assim, temos:

Equação 3.5

$$H_0 : \underline{\tau}_1 = \underline{\tau}_2 = \ldots = \underline{\tau}_g = \underline{0}$$

Essa análise leva em conta variâncias generalizadas e maximização de autovalores e autovetores da forma quadrática.

Para a análise desses dados, contamos, na Tabela 3.2, com o teste de hipótese de MANOVA, no qual a variação total é dividida entre tratamento e erro experimental (resíduo):

Tabela 3.2 – Teste de hipótese de igualdade do vetor de efeitos de tratamento para a classificação simples da MANOVA

FV – Fonte de Variação	GL – Graus de Liberdade	Matriz de SQP
Tratamento	$g - 1$	$B = \sum_{i=1}^{g} n_i \left(\overline{X}_{i.} - \overline{X}_{..} \right) \left(\overline{X}_{i.} - \overline{X}_{..} \right)^t$
Resíduo	$v = \sum_{i=1}^{g} n_i - g$	$E = \sum_{i=1}^{g} \sum_{j=1}^{n_i} \left(\overline{X}_{ij} - \overline{X}_{i.} \right) \left(\overline{X}_{ij} - \overline{X}_{i.} \right)^t$
Total corrigido	$\sum_{i=1}^{g} n_i - 1$	$B + E = \sum_{i=1}^{g} \sum_{j=1}^{n_i} \left(\overline{X}_{ij} - \overline{X}_{..} \right) \left(\overline{X}_{ij} - \overline{X}_{..} \right)^t$

Supondo, na Equação 3.5, que H seja uma matriz da forma SQP, e tenha dados relativos aos efeitos dos tratamentos, é interessante testar a igualdade H = B e encontrar uma equação de solução da forma:

Equação 3.6

$$\left(H - \lambda_k E \right) \underline{e}_k = \underline{0}$$

Essa equação nos fornece as estimativas dos autovalores e autovetores que são necessários para testar a hipótese levantada na Equação 3.5, e podermos utilizar a Tabela 3.2. Ferreira (1996) sugere lembrar que existem quatro critérios para o teste da hipótese, e literaturas da área sugerem a utilização dos critérios de Wilks, pois são baseados na razão por semelhança e avaliam a independência entre os grupos de variáveis. Outra recomendação é a verificação da hipótese nula; ela deverá ser rejeitada quando pelo menos três dos quatro critérios tiverem uma significância em nível nominal. Esses critérios deverão ser aproximados pela sua distribuição.

3.3.1 Teste para a hipótese nula do H_0

O teste de hipótese nula, ou H_0, é um tipo de teste estatístico utilizado para conhecermos a relação entre duas variáveis, mais precisamente, o resultado desse teste, sendo positivo, mostra que não existe nenhuma relação entre as variáveis estudadas.

Podemos testar a hipótese de H_0 se considerarmos que temos k tratamentos, p variáveis e valores das médias de tratamento iguais, assim poderemos escrever que:

Equação 3.7

$$H_0 : \tilde{\mu}_1 = \tilde{\mu}_2 = \ldots = \tilde{\mu}_K$$

Escrevendo a mesma equação, mas em sua forma matricial, teremos:

Equação 3.8

$$H_0 : \begin{bmatrix} \mu_{11} \\ \mu_{12} \\ \ldots \\ \mu_{1p} \end{bmatrix} = \begin{bmatrix} \mu_{21} \\ \mu_{22} \\ \ldots \\ \mu_{2p} \end{bmatrix} = \ldots = \begin{bmatrix} \mu_{k1} \\ \mu_{k2} \\ \ldots \\ \mu_{kp} \end{bmatrix}$$

Analisando essa hipótese, podemos ver que ela apresenta as mesmas características dos cálculos relacionados aos vetores de efeitos de tratamento quando eles são nulos. E teremos:

Equação 3.9

$$H_0 : \tilde{t}_1 = \tilde{t}_2 = \ldots = \tilde{t}_k = 0$$

Ou ainda, na forma matricial:

Equação 3.10

$$H_0 : \begin{bmatrix} t_{11} \\ t_{12} \\ \ldots \\ t_{1p} \end{bmatrix} = \begin{bmatrix} t_{21} \\ t_{22} \\ \ldots \\ t_{2p} \end{bmatrix} = \ldots = \begin{bmatrix} t_{k1} \\ t_{k2} \\ \ldots \\ t_{kp} \end{bmatrix} \begin{bmatrix} 0 \\ 0 \\ \ldots \\ 0 \end{bmatrix}$$

Conforme comentado anteriormente, o teste de Wilks é o mais utilizado para dar continuidade. Testes de Pillai, Hotelling-Lawey e Roy são outras possibilidades que podem apresentar mesmo efeito para essa análise. Para o teste de Wilks, teremos:

Equação 3.11

$$\Lambda = \frac{\det(E)}{\det(H+E)} = \frac{|H|}{|H+E|}$$

Lembrando que, para esse caso, *E* é a matriz de covariância.

Se houver diferenças sistemáticas entre os tratamentos realizados, é importante levar em consideração a relação $\Lambda < 1$ e salientar que a relação será mais significativa quanto menor seu valor.

Para facilitar a observação e análise do valor Λ obtido, é aconselhável utilizar a tabela de teste de Wilks ou ainda transformar o valor de Λ em um valor correspondente. Quando consultada a tabela, e utilizando a regra de decisão $\Lambda_{col} < \Lambda_{tab}$, obtemos a seguinte relação:

Equação 3.12

$$\Lambda_{tab} = \Lambda(\alpha; p; q; n_e)$$

Assim, rejeitamos a hipótese nula na significância de α, mas, caso contrário, não poderemos rejeitar H_0, e dizemos que o teste foi significativo em relação à significância α.

Ao rejeitarmos a hipótese do H_0, ou seja, quando os vetores das médias não são iguais, podemos utilizar outros tratamentos para testar as médias das diferenças dos vetores: o teste T^2 de Hotelling.

O QUE É

T^2 de Hotelling – Teste que avalia a significância da diferença entre as médias de duas ou mais variáveis entre grupos (Hair Junior et al., 2009).

3.4 Comparações múltiplas

Os primeiros a trabalharem com a ideia de comparações múltiplas, na década de 1950, foram Tukey (1949) e Scheffe (1953). Mais tarde, apareceram outros testes, como o procedimento de teste fechado, citado por Marcus, Peritz e Gabriel (1976), ou ainda o método Holm-Bonferroni, em 1979. Hoje contamos até mesmo com uma Conferência Internacional sobre tais procedimentos. A primeira delas foi realizada em 1996, em Israel, ocorrendo desde então a cada dois anos em diversos países (MCP Conference, 2023).

Quando consideramos conjuntos de inferências estatísticas simultaneamente, surge o problema da necessidade de múltiplas comparações, também denominados *testes múltiplos*. Essa técnica, em algumas literaturas, também é chamada de *efeito de olhar para outro lugar*. E, como podemos presumir, quanto mais inferências são realizadas, maior a probabilidade de ocorrerem erros. Por isso é necessário que o analista conheça muito bem o problema e, pelo menos, as técnicas de comparações mais usuais, diminuindo então essa probabilidade.

Muitas vezes se faz necessário certo nível de confiança para todo o conjunto de testes simultâneos, e a dificuldade está necessariamente em como fazer múltiplas comparações e conseguir realizar uma análise satisfatória utilizando um mesmo conjunto de dados dependentes.

Vamos tomar um exemplo bastante simples. Suponha que o tratamento seja uma nova forma de ensino da escrita e o controle seja a forma já conhecida de ensino. Separamos os alunos em dois grupos para poder ocorrer a comparação. Após, escolhemos o que vamos comparar: gramática, ortografia, legibilidade, coesão etc. A seguir, ensinamos o método e começamos a realizar as comparações. Podemos constatar que, quanto mais atributos compararmos, maiores parecerão as diferenças entre os grupos, porém essas diferenças poderão ser somente um erro, pelo fato de a amostragem ser aleatória.

Outro exemplo simples é se considerarmos a eficácia de um medicamento. Quanto maior a amostragem, maior será a probabilidade de sintomas diversos, reações ao medicamento. No entanto, ao mesmo tempo, pode ser que apareça nessa pesquisa uma resposta positiva para um dos sintomas.

E com esses exemplos bastante simplórios, podemos perceber que, quanto mais se compara, mais aumenta a probabilidade de as diferenças entre os atributos relacionados diferirem, ou seja, a confiança no resultado acaba diminuindo. E podemos ver também que nem sempre os problemas surgem, como no caso do medicamento. Assim, podemos afirmar que, de maneira geral, um dos problemas das comparações múltiplas é que, quando testamos várias hipóteses simultaneamente ou quando testamos a mesma hipótese em vários conjuntos, temos um problema!

Para podermos entender os testes que veremos adiante, vamos precisar analisar o Quadro 3.1, que nos mostra resultados de testes de hipóteses nulas (H_m).

Quadro 3.1 – Resultados de testes de hipóteses nulas

	Hipótese nula verdadeira (H)	Hipótese alternativa é verdadeira (H_0)	Total
Teste significativo	V	S	R
Teste não significativo	você	T	m – R
Total	M_0	$m - m_0$	m

Nesse quadro, temos:

- m → total de hipóteses testadas
- m_0 → hipóteses verdadeiras nulas
- $m - m_0$ → hipóteses verdadeiras
- V → falsos positivos (tipo I): variável aleatória não observável
- S → verdadeiros positivos: variável aleatória não observável
- T → falsos negativos (tipo II): variável aleatória não observável
- U → verdadeiros negativos: variável aleatória não observável
- R = V + S → hipóteses nulas rejeitadas: variável aleatória observável

Com essa tabela, é viável definir os resultados quando testadas hipóteses nulas, e assim é possível rejeitar a hipótese caso o teste seja considerado significativo.

Exemplificando

Para a realização de um bom teste de hipóteses, vale ressaltar as etapas a seguir. Para esse exemplo, imagine um chefe do setor de conferências de uma grande indústria que deseja determinar (ou conferir) se o diâmetro médio das tubulações que são fabricadas tem diâmetros diferentes da especificação de 5 cm. Para isso, ele segue alguns passos, depois de ter determinado os critérios para tal teste e qual será o tamanho da amostra:

1. Especificar hipóteses – Formular hipóteses, como, por exemplo: a hipótese nula é de que a média da população de tubos é igual a 5 cm, ou, formalmente, $H_0 : \mu = 5$.
Feito isso, poderão ser escolhidas as hipóteses alternativas, como, por exemplo: média menor do que H_0 ($\mu < 5$); média maior do que H_0 ($\mu > 5$); média diferente de H_0 ($\mu \neq 5$).
Opta-se então pela hipótese que mais se adequa à realidade necessária. Para esse caso, vamos supor que nunca os tubos deverão ter diâmetro nem maiores nem menores do que 5 cm. Assim, escolhe-se o último caso, em que $H_1 : \mu \neq 5$.
2. Depois, escolhe-se um nível de significância (chamado de α). Para esse caso, suponha que tenha sido escolhido um nível de significância igual a 0,05, que é o mais comum a ser utilizado.
3. É necessário, então, determinar o poder e o tamanho da amostra.
4. Coletam-se os dados (coletando e medindo os diâmetros dos tubos).
5. Comparam-se os valores do teste ao nível de significância. Suponha, para nosso caso, que, após a coleta e medição, aplicando o teste de hipótese, foi obtido um valor de 0,004, ou seja, menor do que o nível de significância especificado de 0,05.
6. Decide-se, então, se a hipótese nula deve ser rejeitada ou não. Para nosso caso, deve-se rejeitar a hipótese nula, pois se conclui que o diâmetro médio encontrado para os tubos é diferente dos 5 cm previstos.

Agora, veremos os testes de comparação múltipla mais comuns.

3.4.1 Teste de contrastes ortogonais

O teste de contrastes ortogonais é utilizado quando é necessário saber especificamente quais tratamentos deverão ser comparados, não interessando comparar todos os tratamentos realizados, necessariamente.

Tomaremos como base a ANOVA e desdobraremos a soma dos quadrados nos contrastes que desejamos. O teste é então efetivado pelo teste de F, que basicamente tem como intenção verificar se a variação entre as médias do grupo é menor ou maior do que a variação das observações dentro desses grupos. Para utilizá-lo, o analista deve ter em mente que o conjunto de contrastes que serão utilizados deverão ser ortogonais, garantindo que, quando forem somados os coeficientes de contrastes aos próprios contrastes, será obtido um resultado nulo. O contraste nada mais é do que uma combinação linear de tratamentos ou de médias, normalmente representado pela seguinte forma:

Equação 3.13

$$\widehat{Y} = c_1 y_1 + c_2 y_2 + \ldots + c_k y_k$$

Ou ainda pela forma:

Equação 3.14

$$\sum_{i=1}^{k} c_i = 0$$

Caso exista mais de um contraste de interesse, fazemos:

Equação 3.15

$$\widehat{Y}_1 = c_1 y_1 + c_2 y_2 + \ldots + c_k y_k$$
$$\widehat{Y}_2 = d_1 y_1 + d_2 y_2 + \ldots + d_k y_k$$

E a forma somatória será a seguinte:

Equação 3.16

$$\sum_{i=1}^{k} c_i d_i = 0$$

É importante salientar aqui que o número de contrastes que podem ser analisados será sempre o número de tratamentos menos 1, pois se trata de graus de liberdade de tratamentos. Se temos um experimento com cinco tratamentos, teremos quatro graus de liberdade e, por consequência, quatro contrastes a serem testados.

Depois de testarmos os contrastes (normalmente por análise de variância), vamos precisar calcular a soma de seus quadrados. Chamando de r o número de repetições do tratamento, teremos:

Equação 3.17

$$SQ\widehat{Y} = \frac{r\left(\sum_{i=1}^{k}c_i\bar{y}_i\right)^2}{\sum_{i=1}^{k}c_i^2} = \frac{r\widehat{Y}_i^2}{\sum_{i=1}^{k}c_i^2}$$

Exercício resolvido

Vamos tomar o exemplo de Allaman (2023) e suas notas de aula. Foi realizada uma experiência com 28 pacientes, comparando técnicas no tratamento da dor pós-cirúrgica. Esses pacientes foram agrupados ao acaso, em 4 grupos com 7 indivíduos cada. O primeiro grupo recebeu um tratamento placebo, e os outros 3 grupos receberam 2 tipos de analgésicos (A e B), podendo também ter recebido tratamento com massagens terapêuticas.

Nesse caso, o interesse é comparar o placebo com os demais tratamentos e os demais tratamentos entre si. Assim, como podemos verificar na Tabela 3.3, a seguir, há 3 contrastes, que chamaremos $\widehat{Y}_1$, $\widehat{Y}_2$ e $\widehat{Y}_3$:

Tabela 3.3 – Contrastes organizados

	Massagem	Analg. A	Analg. B	Placebo
$\widehat{Y}_1$	−1,00	−1,00	−1,00	3,00
$\widehat{Y}_2$	0,00	−1,00	1,00	0,00
$\widehat{Y}_3$	3,00	−1,00	−1,00	0,00

Fonte: Allaman, 2023, p. 9.

A primeira coisa a ser feita é a verificação da ortogonalidade do contraste. Assim, teremos: $(-1 \cdot 0 \cdot 3) + (-1 \cdot -1 \cdot -1) + (-1 \cdot 1 \cdot -1) + (3 \cdot 0 \cdot 0) = 0$.

Logo, a ortogonalidade é verificada e precisamos fazer a soma dos quadrados de cada contraste. Considerados que os valores das médias em cada caso foram dadas como:

$$y_{mass} = 114,57$$
$$y_A = 85$$
$$y_B = 94,86$$
$$y_{plac} = 31,57$$

Os contrates serão:

$$\widehat{Y}_1 = -1 \cdot 114,57 - 1 \cdot 85 - 1 \cdot 94,86 + 3 \cdot 31,57 = -199,7143$$
$$\widehat{Y}_2 = 0 \cdot 114,57 - 1 \cdot 85 + 1 \cdot 94,86 + 0 \cdot 31,57 = 9,8571$$
$$\widehat{Y}_3 = 2 \cdot 114,57 - 1 \cdot 85 - 1 \cdot 94,86 + 0 \cdot 31,57 = 49,2857$$

Levando em consideração 7 repetições (r = 7) e calculando a soma dos quadrados, ficamos com:

$$SQ\widehat{Y}_1 = \frac{7 \cdot (-199,7143)^2}{12} = 23266,71$$

$$SQ\widehat{Y}_2 = \frac{7 \cdot (9,8571)^2}{2} = 340,07$$

$$SQ\widehat{Y}_3 = \frac{7 \cdot (49,2857)^2}{6} = 2833,93$$

E, com isso, podemos construir a Tabela 3.4 de variância:

Tabela 3.4 – Contrastes de variância

	Df	Sum Sq	Mean Sq	FValue	Pr (>F)
Trat	3	26440,71	8813,57	12,64	0,0000
Trat $\widehat{Y}_1$	1	23266,71	23266,71	33,37	0,0000
Trat $\widehat{Y}_2$	1	340,07	340,07	0,49	0,4916
Trat $\widehat{Y}_3$	1	2833,93	2833,93	4,06	0,0551
Residual	24	16732,29	697,18		

Fonte: Elaborado com base em Allaman, 2023.

Fazendo uma análise da tabela obtida, podemos observar um nível de significância de 5% e que apenas o primeiro contraste foi significativo. Logo, os outros tratamentos prolongam a falta de dor sentida pelos pacientes em comparação com o placebo.

3.4.2 Teste de Dunnett

Allaman (2023) comenta que Charles William Dunnet, um estatístico canadense, publicou, em 1964, seu artigo intitulado "*New tables for multiple compairsions whit a control*" ("Novas tabelas para comparações múltiplas controladas"), na revista *Biometrics*.

Segundo Allaman (2023), o teste de Dunnett é utilizado quando há interesse em comparar um tratamento de controle com os demais tratamentos. Seu principal objetivo é demonstrar quais tratamentos são melhores ou piores do que o tratamento utilizado como padrão.

A estatística utilizada nesse teste é uma modificação da estatística t-Student, que será mais bem abordada no próximo item, e pode ser definida por:

Equação 3.18

$$t_D = \frac{\overline{y}_i - \overline{y}_c}{\sqrt{\frac{2}{r} \cdot QME}}$$

Nessa expressão, temos:

- $\overline{y}_i$ – média do tratamento comparado;
- $\overline{y}_c$ – média do tratamento de controle;
- r – repetições;
- QME – quadrado médio do resíduo.

Para finalizar esse cálculo, é necessário um programa específico, o mais conhecido atualmente é o nCDunnett. Esse programa foi desenvolvido para uma tese de doutorado para o cálculo de distribuições do teste de Dunnett. Segundo Broch e Ferreira (2014), desenvolvedores do pacote, ele executa quatro rotinas: fornecer valores de funções densidade de probabilidade, calcular a probabilidade, fornecer quantis de distribuição e gerar amostras aleatórias. Os autores comentam ainda que: "A biblioteca nCDunnett encontra-se disponibilizada para instalação [...] com livre acesso por todos os usuários do programa no mundo. [...] possibilita que qualquer pesquisador possa aplicar corretamente o teste de Dunnett, independente do valor da correlação entre comparações, sem dependência de tabelas limitadas disponíveis na literatura" (Broch; Ferreira, 2014, p. 14).

3.4.3 Teste de Tukey

O teste de Tukey foi desenvolvido e apresentado por John Wilder Tukey (1949) em seu artigo "*Comparing Individual Means n the Analyis of Variance*" – "Comparando médias individuais na análise de variância". Ele é indicado quando é necessário comparar dados

2 a 2 e o interesse é em relação a todos os dados com todos os dados. Assim, é considerado um teste bastante rigoroso e tem um controle de erro do tipo I. Assim, faz-se necessário que o erro experimental seja pequeno. Apesar disso, é considerado um teste bastante cômodo.

> O QUE É
>
> - Erro tipo I – Probabilidade de rejeitar a hipótese nula, ou seja, verificar que duas médias são muito diferentes quando deveriam ser iguais.
> - Erro tipo II – Probabilidade de falha na hipótese nula quando ela deveria ser rejeitada, ou seja, verificar que duas médias são muito próximas quando deveriam ser diferentes.

Para que possamos utilizar o teste, devemos primeiro calcular a **diferença mínima significativa (DMS)**, dada por:

Equação 3.19

$$DMS = q_\alpha(t, glres) \cdot \sqrt{\frac{QME}{r}}$$

Nessa expressão, temos:

- $q_\alpha(t, glres)$ → amplitude total estudada, em nível de probabilidade α, em função do número de tratamentos (t) e do grau de liberdade do erro (glres).
- QME → quadrado médio do erro, que é obtido por meio da razão entre a divisão das somas dos quadrados pelos graus de liberdade da amostra.
- r → número de repetições.

3.4.4 Teste t-Student (*Least Significant Difference* – LSD)

O teste t-Student (que também pode ser chamado de *Least Significant Difference* – LSD – diferença menos significativa) é, dos testes de comparação múltipla, o menos rigoroso, pois ele tem uma tendência a discriminar mais diferenças entre os tratamentos.

Esse teste é utilizado quando, ao realizar o teste de Tukey, seu resultado traz um coeficiente de variação moderadamente alto – entre 20% e 40%. Então, utiliza-se o teste t-Student, calculando a diferença mínima significativa:

Equação 3.20

$$DMS = q_{(\alpha/2glres)} \cdot \sqrt{QME \cdot \frac{2}{r}}$$

Nessa expressão, temos:

- $q_{(\alpha/2\text{glres})} \rightarrow$ quantil da distribuição t-Student. Valor pode ser obtido com funções q_t de R, usando sempre o valor absoluto;
- glres $\rightarrow$ graus de liberdade do erro experimental;
- QMEer $\rightarrow$ quadrado médio do erro e número de repetições, respectivamente.

3.4.5 Teste de Scott-Knott

Um dos melhores testes de comparação múltipla é o teste de Scott-Knott, pelo fato de apresentar taxas baixas de erros dos tipos I e II. Ainda podemos citar a vantagem de não sobrepor médias, o que facilita a interpretação dos resultados.

A desvantagem desse teste é que, como é realizado particionamento de grupos, isso torna moroso e complexo o processo, em razão do aumento significativo no número de tratamentos, levando à necessidade de uso computacional.

Para realizar o teste de Scott-Knott, segundo Allaman (2023), primeiro se ordenam as médias dos tratamentos, obtendo-se dois subgrupos do tipo (k –1) em que *k* é o número de tratamentos considerados. Depois, devem ser determinadas as somas dos quadrados (B_{0i}) entre os dois subgrupos, do seguinte modo:

Equação 3.21

$$B_{0i} = \frac{T_{1i}^2}{r_{1i}} + \frac{T_{2i}^2}{r_{2i}} - \frac{(T_{1i} + T_{2i})^2}{r_{1i} + r_{2i}}$$

Nessa expressão, temos:

- $B_{0i} \rightarrow$ soma dos quadrados da i-ésima partição;
- $T_{1i} \rightarrow$ soma total das médias dos tratamentos do subgrupo 1 da i-ésima partição;
- $T_{2i} \rightarrow$ soma total das médias dos tratamentos do subgrupo 2 da i-ésima partição;
- $r_{1i} \rightarrow$ total de tratamentos do subgrupo 1 da i-ésima partição;
- $r_{2i} \rightarrow$ total de tratamentos do subgrupo 2 da i-ésima partição;

Allaman (2023) ainda afirma que, se temos B_0 como a maior soma de quadrados entre os dois subgrupos das médias, podemos escrever $B_0 = \max B_{0i}$, sendo possível obter o valor da variável λ do teste:

Equação 3.22

$$\lambda = \frac{\pi}{2(\pi-2)} \cdot \frac{B_0}{\hat{\sigma}_0^2}$$

Agora podemos obter o estimador de verossimilhança $\hat{\sigma}_0^2$, dado por:

Equação 3.23

$$\hat{\sigma}_0^2 = \frac{1}{(k+v)} \cdot \left[\sum_{i=1}^{k}(\bar{y}_i - \bar{y}_{..})^2 + v\frac{QME}{r}\right]$$

Nessa expressão, temos:

- V → graus de liberdade do erro da ANOVA;
- $\bar{y}_i$ → média do i-ésimo tratamento;
- $\bar{y}_{..}$ → média geral;
- QME → quadrado médio do erro;
- r → número de repetições.

Assim, a estatística de verossimilhança λ tem distribuição x^2 do tipo $v_0 = \frac{k}{(\pi-2)}$ graus de liberdade.

Agora, podemos afirmar que, se a estatística de verossimilhança for maior do que o quantil superior (α) da distribuição qui-quadrada com seus v_0 graus de semelhança ($\lambda > x^2_{\alpha, v_0}$), podemos também rejeitar a hipótese de que os dois subgrupos são iguais, ou seja, os subgrupos serão diferentes entre si.

Caso não se consiga rejeitar a hipótese de formação de novas partições, repetem-se os passos até que isso ocorra.

Estudo de caso

Vamos verificar como podemos utilizar várias técnicas e modelos demonstrados neste capítulo. Para tanto, vamos utilizar um exemplo, cujos dados foram retirados do material de Ferreira (1996). A proposta do autor foi realizar um experimento envolvendo a produtividade (P) em kg/ha (quilogramas por hectare) e o número de grãos por vagem (NGV) de quatro variedades de feijão. Para isso, foram utilizadas quatro variedades de feijão e cinco repetições. Utilizaremos os da Tabela 3.5, a seguir, para realizar alguns cálculos vistos neste capítulo:

Tabela 3.5 – Dados dos tipos de feijão e sua produtividade

A		B		C		D	
P	NGV	P	NGV	P	NGV	P	NGV
1082	4,66	1163	5,52	1544	5,18	1644	5,45
1070	4,50	1100	5,30	1500	5,10	1600	5,18
1180	4,30	1200	5,42	1550	5,20	1680	5,18
1050	4,70	1190	5,62	1600	5,30	1700	5,40
1080	4,60	1170	5,70	1540	5,12	1704	5,50
5462	22,76	5823	27,56	7734	25,90	8328	26,71

Fonte Elaborado com base em Ferreira, 1996.

Primeiramente, serão necessários os vetores amostrais de tratamento, que depois serão utilizados para calcular a média geral, que, por sua vez, será utilizada para se obter a média da matriz que chamaremos de B. Alguns dos cálculos aqui serão realizados com programas específicos que serão somente citados para você testá-los posteriormente. Logo, os resultados serão colocados, mas não todos os processos, senão seriam necessários mais alguns volumes para atender à demanda dos cálculos.

Voltando então, calcularemos os vetores médios. Para isso, vamos montar as matrizes de médias para cada tipo de feijão.

Para o tipo A, ficaremos com a matriz:

$$\bar{X}_{\sim A} = \begin{bmatrix} 1092,400 \\ 4,552 \end{bmatrix}$$

Lembrando que o primeiro valor da matiz será a média da produtividade P e o segundo valor da matriz é a média do número de grãos por vagem, dados da Tabela 3.5, e o cálculo será igual para todos os quatro tipos de feijão.

Para o tipo B:

$$\bar{X}_{\sim B} = \begin{bmatrix} 1164,600 \\ 5,512 \end{bmatrix}$$

Para o tipo C:

$$\bar{X}_{\sim C} = \begin{bmatrix} 1546,800 \\ 5,180 \end{bmatrix}$$

Para o tipo D:

$$\bar{X}_{\sim D} = \begin{bmatrix} 1665,600 \\ 5,342 \end{bmatrix}$$

E a média geral:

$$\overline{\underset{\sim}{X}} = \begin{bmatrix} 1367,35000 \\ 5,1465 \end{bmatrix}$$

Agora, vamos obter a matriz B. Utilizaremos a ideia das somas dos quadrados da matriz B (SQB) para o i-ésimo componente:

$$SQB_{kk} = \sum_{i=1}^{g} \frac{X_{i.k}^2}{n_i} - \frac{X_{i.k}^2}{\sum_{i=1}^{g} n_i}$$

E a soma dos produtos da entre as variáveis k e l:

$$SQB_{kl} = \sum_{i=1}^{g} \frac{X_{i \cdot k} X_{i \cdot l}}{n_i} - \frac{X_{..l} X_{..k}}{\sum_{i=1}^{g} n_i}$$

Assim, obteremos:

$$B = 5\left\{\begin{bmatrix} 1092,400 \\ 4,552 \end{bmatrix} - \begin{bmatrix} 1367,35000 \\ 5,1465 \end{bmatrix}\right\}\{[1092,400 \quad 4,552] - [1367,3500 \quad 5,1465]\} +$$

$$+ 5\left\{\begin{bmatrix} 1164,600 \\ 5,512 \end{bmatrix} - \begin{bmatrix} 1367,35000 \\ 5,1465 \end{bmatrix}\right\}\{[1164,600 \quad 5,512] - [1367,3500 \quad 5,1465]\} +$$

$$+ 5\left\{\begin{bmatrix} 1546,800 \\ 5,180 \end{bmatrix} - \begin{bmatrix} 1367,35000 \\ 5,1465 \end{bmatrix}\right\}\{[1546,800 \quad 5,180] - [1367,3500 \quad 5,1465]\} +$$

$$+ 5\left\{\begin{bmatrix} 1665,600 \\ 5,342 \end{bmatrix} - \begin{bmatrix} 1367,35000 \\ 5,1465 \end{bmatrix}\right\}\{[1665,600 \quad 5,342] - [1367,3500 \quad 5,1465]\}$$

Vamos precisar escrever o erro. E, para conhecer o erro, precisaremos saber a soma dos quadrados (SQ) e a soma dos produtos (SP), dadas por:

$$SQT_{kk} = \sum_{i=1}^{g}\sum_{j=1}^{n_i} X_{ijk}^2 - \frac{X_{..k}^2}{\sum_{i=1}^{g} n_i} \quad e \quad SPT_{kl} = \sum_{i=1}^{g}\sum_{j=1}^{n_i} X_{ijk} X_{ijl} - \frac{X_{..k} X_{..l}}{\sum_{i=1}^{g} n_i}$$

Então, para o resíduo, temos, para E, o espaço amostral, e para T, os erros (tipo II):

$$E = T - B$$

Aplicando os dados aos nossos valores obtidos, teremos, com 3 graus de liberdade:

$$B = \begin{bmatrix} 1189302,1500 & 768,3605 \\ 768,3605 & 2,6318 \end{bmatrix}$$

$$T = \begin{bmatrix} 1218360,5500 & 778,2645 \\ 778,2645 & 2,9517 \end{bmatrix}$$

Logo, com 16 graus de liberdade, teremos:

$$E = T - B \begin{bmatrix} 29058,4000 & 9,9040 \\ 9,9040 & 0,3199 \end{bmatrix}$$

Assim, teremos um total corrigido com 19 graus de liberdade dado pela matriz:

$$T = \begin{bmatrix} 1218360 & 778,2645 \\ 778,2645 & 2,9517 \end{bmatrix}$$

Agora, faremos, o teste de hipótese H_0. Para tanto, precisamos que a razão entre os pares quadráticos seja maximizada, ou seja, será necessário resolver a equação:

$$(B - \lambda_k E)\underline{e}_k = 0$$

Em nosso exemplo, teremos os seguintes autovalores:

$$\lambda_1 = 41,3463 \text{ e } \lambda_2 = 6,6781$$

E os autovetores:

$$\underline{e}_1^t = [0,0058 \quad 0,1952] \text{ e } \underline{e}_2^t = [-0,0012 \quad 1,7667]$$

Observação: os autovetores normalmente não podem receber valores maiores do que um, mas aqui os autovetores já estão na fase de maximização da razão entre as formas quadráticas. A verificação pode ser feita facilmente quando normalizamos esses vetores na forma $\underline{e}_k^t E \underline{e}_k = 1$ e $\underline{e}_k^t E \underline{e}_k = 0$.

Para finalizar este nosso estudo de caso, ou mais um exemplo de aplicação, vamos apresentar os critérios de tratamento vistos no decorrer do capítulo, organizados na Tabela 3.6, a seguir, para facilitar a observação e posterior análise.

Tabela 3.6 – Critérios de tratamento, valores obtidos no estudo de caso

Critério	Estatística	F	GL	Pr > F
Wilks	$\Lambda = 0,0030756$	85,16	$v_1 = 6$ e $v_2 = 30$	0,0001
Pillai	$V = 1,846145$	64,00	$v_1 = 6$ e $v_2 = 32$	0,0001
Hotelling	$U = 48,0244$	112,06	$v_1 = 6$ e $v_2 = 28$	0,0001

Aqui foram utilizados os valores: p = 2; q = 3. V = 16; s = 2; r = 16; f = 1; d = 3; m = 0; n = 6,5; t = 2.
Lembrando que *Pr* são os parâmetros dos vetores de tratamento e *F*, as fontes de variação.

Fonte: Elaborado com base em Ferreira, 1996.

Podemos perceber após observação da tabela, que não temos igualdade dos vetores de tratamento, pois P < 0,01.

E assim encerramos este exemplo, verificando a aplicação do método da MANOVA e suas diversas ramificações.

Para saber mais

Aqui temos algumas sugestões de leitura que mostram aplicações da MANOVA:

AMARAL, H. F.; VASCONCELLOS, M. E. da C.; YADA, I. F. U. Estatística multivariada em microbiologia do solo. **Revista Terra & Cultura: Cadernos de Ensino e Pesquisa**, v. 29, n. 57, p. 49-58, 2018. Disponível em: <http://periodicos.unifil.br/index.php/Revistateste/article/view/174>. Acesso em: 10 jul. 2023.

CURADO, M. A. S.; TELES, J. M. V.; MARÔCO, J. Análise estatística de escalas ordinais. Aplicações na área da pediatria. **Enfermería Global**, v. 12, n. 2, 2013. Disponível em: <https://revistas.um.es/eglobal/article/view/eglobal.12.2.150281>. Acesso em: 10 jul. 2023.

JIMENEZ-CABALLERO, J. L. et al. Factores determinantes del rendimiento académico universitario en el Espacio Europeo de Educación Superior. **Innovar**, Bogotá, v. 25, n. 58, p. 159-175, out. 2015. Disponível em <http://www.scielo.org.co/scielo.php?script=sci_arttext&pid=S0121-50512015000400012&lng=pt&nrm=iso>. Acesso em: 10 jul. 2023.

MAIA, M. de F. de M. et al. Escala de hábitos de lazer: comprovação da sua estrutura fatorial e diferenças em função do sexo, idade e nível educacional de jovens de Montes Claros – MG. **Boletim: Acad. Paul. Psicol.**, São Paulo, v. 37, n. 93, p. 393-407, jul. 2017. Disponível em: <http://pepsic.bvsalud.org/scielo.php?script=sci_arttext&pid=S1415-711X2017000200012&lng=pt&nrm=iso>. Acessos em: 10 jul. 2023.

NICACIO, J. E. de M.; PERUSSOLO, M. de A.; LIMA, A. C. S. de S. Análise de Variância Multivariada – Manova na Seleção de Produtores de Laranja Citrus sinensis (L.) Osbeck. **Revista de Estudos Sociais**, v. 15, n. 30, p. 189-202, 2014. Disponível em: <https://periodicoscientificos.ufmt.br/ojs/index.php/res/article/view/2052>. Acesso em: 10 jul. 2023.

Se quiser saber um pouco mais sobre a Conferência Internacional de Comparações Múltiplas, acesse:

MCP CONFERENCE 2022. Disponível em: <https://www.mcp-conference.org>. Caesso em: 10 jul. 2022.

Síntese

Neste capítulo, abordamos uma técnica multivariada, que é uma extensão da análise de variância, porém com maior número de variáveis, e que é indicada para quando temos uma correlação forte entre essas variáveis. Verificamos também como fazer essa distinção entre ANOVA e MANOVA. Ainda analisamos as condições para realizar a MANOVA. Demonstramos os vários testes envolvidos nesse procedimento,

Wilks, Pillai, Hotelling, Roy. Então, abordamos os testes de múltiplas comparações e constatamos que, quanto mais comparamos, mais erros poderemos cometer. Depois mostramos a necessidade dos testes de contrates ortogonais, quando são necessários e quais tratamentos comparar, evitando a comparação entre todos os dados. Por fim, apresentamos um estudo de caso, ou mais um exemplo de aplicação dos métodos examinados durante o capítulo.

Questões para revisão

1) Sobre a MANOVA, é correto afirmar que:

   a. as informações conjuntas das varáveis envolvidas são irrelevantes para esse método.
   b. o teste de Wilks é utilizado para comparar vetores de médias.
   c. o teste F é utilizado para comparar vetores de médias.
   d. é necessário pressupor que a matriz de covariância Σ é igual para todas as amostras.
   e. necessário pressupor que os erros sejam dependentes.

2) Ao se falar sobre a MANOVA, considere os seguintes objetivos:

   I. Redução de variáveis
   II. Facilitação da interpretação
   III. Separação das observações em grupos
   IV. Determinação de relações utilizando variáveis não observáveis

   São objetivos da MANOVA o que está indicado em:

   a. I e III.
   b. I e II.
   c. I e IV.
   d. II e IV.
   e. III e IV.

3) Com relação ao teste t-Student como forma de comparação entre as médias de grupos não pareados, o que se pode obter diretamente quando esse método é aplicado, levando em consideração que as amostras são pequenas?

4) Qual dos testes vistos no capítulo é o mais apropriado para testar a hipótese nula (H_0), da MANOVA?

5) Sobre a ideia de comparações múltiplas, assinale a alternativa **incorreta**:

   a. Quanto mais inferências fazemos, mais aumentamos a probabilidade de ocorrerem erros.
   b. No teste de contrastes ortogonais, o número de contrastes que podemos analisar será sempre o número de tratamentos menos 1.
   c. O teste de Dunnett é utilizado quando há interesse em comparar um tratamento de controle com os demais tratamentos.
   d. O teste de Tukey é o mais indicado para análise de dados 2 a 2.
   e. O teste t-Student é o mais rigoroso dos testes de comparação múltipla.

Questões para reflexão

1) Sabemos que a MANOVA é uma técnica derivada da ANOVA. Quais são as vantagens da aplicação da MANOVA em relação à ANOVA?

2) Ao se utilizar o modelo ANOVA, é exigido que algumas pressuposições sejam satisfeitas. Uma delas é o fato da necessidade da homogeneidade da variância dos erros, pois eles podem levar a inferências de baixa confiabilidade. Para a MANOVA, é necessário realizar esse tipo de inferência, de verificações prévias? Se sim, quais são elas?

Conteúdos do capítulo
- Análise de componentes principais (ACP).
- Principais técnicas para a obtenção dos componentes principais (CPs).
- Propriedades e importância relativa de um CP.
- Formas de correlação entre os CPs e suas variáveis originais.
- Padronização de variáveis nos CPs.
- Construção e interpretação de gráficos de ACP.

Após o estudo deste capítulo você será capaz de:
1. estabelecer quando a técnica de análise de CPs pode ser utilizada;
2. compreender os passos para se utilizar a técnica de CPs;
3. aplicar as propriedades dos CPs;
4. apontar a importância relativa de um CP;
5. correlacionar o CP e suas variáveis;
6. padronizar variáveis nos CPs;
7. interpretar gráficos de CPs.

4
Análise de componentes principais

A ACP, ou PCA (do termo em inglês *Principal Component Analysis*), foi primeiramente descrita em 1901 por Karl Pearson, o qual tinha interesse em soluções para problemas biométricos, e acreditou que tal análise era a resposta para esses problemas. Mais tarde, por volta de 1933, Hotelling, utilizando modelos computacionais, tentou facilitar a realização desses cálculos (Hongyu; Sandanielo; Oliveira Junior, 2016).

Mas imagine que você detém um pouco do conhecimento sobre as técnicas de análise multivariada e o transtorno que era realizar todos os cálculos necessários à mão. Então, podemos afirmar que foi somente após a consolidação dos computadores eletrônicos que essa técnica avançou realmente e pode ser utilizada mais amplamente.

É em razão desse fato que a ACP ou PCA é também chamada de *transformada discreta de Karhunen-Loève (KLT)*, em homenagem a Kari Karhunen e Maichel Loève (pelo fato de sua transformada ser considerada referência para as demais transformadas, e ainda de boa aplicabilidade na ACP), ou ainda pode ser chamada de *transformada de Hotelling*, homenageando Harold Hotelling, pelo fato de ter sido baseada em gráficos T^2-Hotelling. Ainda, segundo Henning et al. (2010, p. 1.033): "Hotelling (1947) foi pioneiro na pesquisa sobre controle multivariado de qualidade. [...] Entre os gráficos multivariados existentes, o gráfico de controle multivariado T^2 de Hotelling é o mais conhecido na literatura."

O QUE É

Transformada de Hotelling – São funções que podem ser representadas com o uso de funções-base, as quais são formadas pelos autovetores da matriz de correlação.

4.1 Conceitos e objetivos

Quanto à ACP, podemos afirmar que se trata de um dos métodos multivariados mais simples. Ela é considerada uma boa transformação linear e muito utilizada para o reconhecimento de padrões.

Loesch e Hoeltgebaum (2012, p. 94) afirma que a ACP: "envolve um procedimento matemático que transforma um número de variáveis possivelmente correlacionadas em um número menor de variáveis não correlacionadas", chamando então esse método de *componentes principais*.

Então, podemos perceber que o principal objetivo dessa análise consiste em tomarmos variáveis do tipo $X_1, X_2, ..., X_p$ e encontrar possíveis combinações, produzindo índices do tipo $Y_1, Y_2, ..., Y_p$ que não estabeleçam correlação em sua ordem de importância e ainda descrevam a variação nos dados coletados. Vamos verificar como isso ocorre?

> **O QUE É**
>
> ACP – Segundo Varella (2008), é a técnica estatística multivariada que transforma um conjunto de variáveis originais em outro conjunto de variáveis correlacionadas entre si.

Quando aludimos à falta de correlação, estamos afirmando, segundo Manly e Alberto (2019, p. 103): "que os índices estão medindo diferentes 'dimensões' dos dados, e que a ordem tal que $\text{Var}(Z_1) \geq \text{Var}(Z_2) ... \geq \text{Var}(Z_p)$, em que $\text{Var}(Z_i)$ denota a variância de Z_i." Tais índices Z são o que podemos chamar de componentes principais (CPs) e, quando se realiza uma análise deles, buscam-se as variâncias e que elas sejam, em sua maioria, desprezíveis. Assim, podemos afirmar, ainda segundo Manly e Alberto (2019, p. 103), que: "a maior parte da variação no conjunto de dados completos pode ser descrita adequadamente pelas poucas variáveis Z com variâncias que não são desprezíveis, e algum grau de economia é então alcançado."

Portanto, já podemos perceber que a ACP nem sempre é possível de ser utilizada, pois há um número grande de variáveis iniciais, e elas são reduzidas a poucas variáveis transformadas. Para serem obtidos resultados com maior sucesso, são necessárias variáveis iniciais altamente correlacionadas, o que facilitará a obtenção de mais variáveis transformadas ao final.

Mas quando o analista de dados deve utilizar essa técnica? Geralmente, o que define a utilização da técnica é a quantidade mínima de novos componentes (variáveis) que será necessária para expressar a variância total das variáveis originais. Então, uma regrinha básica que é utilizada é: procurar conhecer e selecionar um número mínimo de 70% da variância total da amostra. Assim se assegura a eficiência do método, que está diretamente ligada à correlação entre as variáveis originais (positivas ou negativas). Logo, se houver valores de correlação maiores do que 0,30, recomenda-se o uso do método. Caso o número seja menor, a técnica é considerada inapropriada. Muitos *softwares* da área já eliminam dados omissos em variáveis, facilitando o alcance desse número e viabilizando a utilização da técnica.

A ACP tem sido utilizada em várias áreas, como administração de *marketing*, administração de imóveis, ciências contábeis e, até mesmo, na resolução de conflitos dentro de grandes organizações.

4.2 Obtenção (análise) dos CPs

Você consegue inferir o que estamos buscando ao realizar a ACP de uma série de dados? Trata-se de algo bastante direto: uma **relação entre as características dos dados** que são extraídos da amostra. E o CP, segundo Espíndola (2019, p. 88): "é o arranjo que melhor representa a distribuição dos dados [...] e a componente secundária é perpendicular a componente principal", como podemos ver na Figura 4.1, a seguir.

Figura 4.1 – Relação entre as características dos dados entre as componentes principais e secundárias

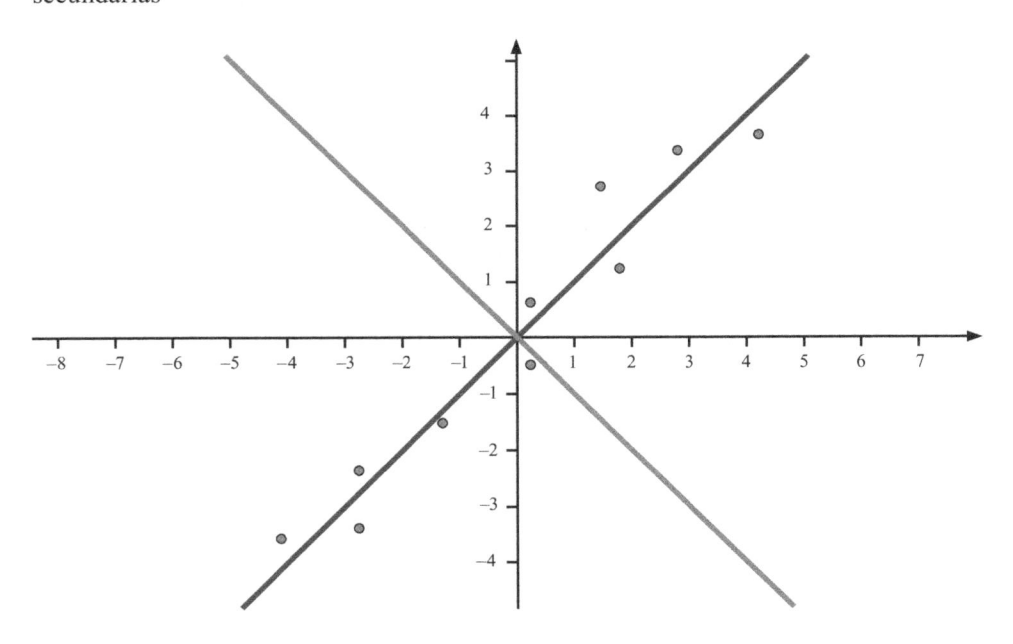

Nesse caso, a linha mais escura representa a distribuição principal, e a linha mais clara representa a componente secundária.

Segundo Duarte (1998), é necessário seguir alguns passos para se obter (calcular) os CPs: primeiro, devemos obter os dados ou as amostras de vetores (independentemente das dimensões); em seguida, deve-se calcular a média, ou vetor médio dos dados; após isso, subtrai-se a média de todos os dados para então ser possível calcular a matriz de covariância por meio da média do produto das subtrações a partir da mesma matriz obtida anteriormente; logo, pode-se calcular os autovalores e autovetores da matriz covariância. Finalmente, utilizando a transformada de Hotelling, com linhas formadas pelos autovetores da matriz de covariância, primeiro elemento (0,0), é necessário verificar se o autovetor corresponde ao maior autovalor e, ao final, deve-se repetir o processo até que o autovetor corresponda ao menor autovalor.

Assim, é possível utilizar o gráfico semelhante ao da Figura 4.1, para melhor visualização desses dados, para a obtenção de imagens em duas dimensões (para o ajuste de câmeras, por exemplo) ou, ainda, para o simples reconhecimento das características das medidas a serem utilizadas.

Para a determinação dos componentes principais, é necessário resolver a equação característica que provém da matriz R:

Equação 4.1

$$\det[R - \lambda I] = 0 \text{ ou } |R - \lambda I| = 0$$

Ela será escrita na forma de matriz:

Equação 4.2

$$R = \begin{bmatrix} 1 & r(x_1 x_2) & r(x_1 x_3) & \cdots & r(x_1 x_p) \\ r(x_2 x_1) & 1 & r(x_2 x_3) & \cdots & r(x_2 x_p) \\ r(x_3 x_1) & r(x_3 x_2) & 1 & \cdots & r(x_3 x_p) \\ \vdots & \vdots & \vdots & \ddots & \vdots \\ r(x_p x_1) & r(x_p x_2) & r(x_p x_3) & \cdots & 1 \end{bmatrix}$$

Para Varella (2008), nesse momento, pode-se realizar uma análise ao se olhar para a equação e a matriz R. Quando não houver nenhuma coluna da matriz que seja combinação linear de outra, é possível afirmar que a equação $|R - \lambda I| = 0$ terá p autovalores (raízes ou, ainda, raízes características) da matriz R.

Outro fator que Varella (2008) levanta é de que é necessário apresentar pelo menos p + 1 indivíduos quando se deseja a análise de p características da população, para assim afirmar que, independentemente do número de raízes da equação da matriz dada, elas serão do tipo:

Equação 4.3

$$\lambda_1 > \lambda_2 > \lambda_3 > \ldots > \lambda_p$$

Essas raízes ou autovalores terão, cada um, um autovetor $\tilde{a}_i$ que será representado pela matriz de vetores:

Equação 4.4

$$\tilde{a}_i = \begin{bmatrix} a_{i1} \\ a_{i2} \\ \vdots \\ a_{ip} \end{bmatrix}$$

O analista precisará normalizar esses vetores, para que se adequem às propriedades apresentadas a seguir. Para isso, é necessário fazer com que a soma dos quadrados dos coeficientes seja igual a 1, mantendo assim a ortogonalidade entre eles:

Equação 4.5

$$\sum_{j=1}^{p} a_{ij}^2 = 1$$

Ressaltando que, na Equação 4.5, teremos a relação de $\tilde{a}_i \cdot \tilde{a}_i = 1$.
Ou ainda:

Equação 4.6

$$\sum_{j=1}^{p} a_{ij} \cdot a_{kj} = 0$$

Para o caso da Equação 4.6, teremos $\tilde{a}_i \cdot \tilde{a}_k = 0$ para $i \neq k$.

Seguindo ainda as ideias de Varella (2008), os CPs apresentam algumas propriedades:

- $\widehat{Var}(Y_i) = \lambda_i$, ou seja, a variância dos CPs do tipo Y_i tem valor igual ao seu autovetor λ_i;
- $\widehat{Var}(Y_1) > \widehat{Var}(Y_2) > \ldots > \widehat{Var}(Y_p)$, ou seja, o primeiro CP tem maior variância do que o segundo, o segundo CP terá variância maior que o terceiro e assim por diante;
- $\sum \widehat{Var}(X_1) = \sum \lambda_i = \sum \widehat{Var}(Y_1)$, ou seja, o somatório da variância das variáveis originais é igual ao somatório dos autovalores, que, por sua vez, é igual ao somatório da variância dos CPs;
- $\widehat{Cov}(Y_i, Y_j) = 0$, ou seja, CPs não se correlacionam entre si.

4.3 Importância relativa de um CP

Podemos representar a proporção de variância da seguinte forma:

Equação 4.7

$$C_i = \frac{\widehat{Var}(Y_1)}{\sum_{i=1}^{p}\widehat{Var}(Y_1)} \cdot 100 = \frac{\lambda_i}{\sum_{i=1}^{p}\lambda_i} \cdot 100 = \frac{\lambda_i}{(S)} \cdot 100$$

Podemos verificar, então, que a importância relativa de um CP é representada utilizando a ideia de porcentagem. Lembrando que se deve levar em consideração cada C_i (contribuição) de cada CP Y_i.

Para finalizar, ressaltamos que trabalhamos aqui com autovalores *k*, e que eles representam uma proporção de informações de quando se reduz o número de componentes, logo, quanto maior a porcentagem obtida na expressão inicial, maior será sua contribuição, pois é uma relação diretamente proporcional à variância total.

Vale comentar também que é necessário sempre respeitar a proporção de 70% ou mais (da variância total) para que seja possível tomar decisões sobre a quantidade de componentes a serem utilizados, conforme equação a seguir:

Equação 4.8

$$\frac{\widehat{Var}(Y_1) + \ldots + \widehat{Var}(Y_k)}{\sum_{i=1}^{k}\widehat{Var}(Y_i)} \cdot 100 \geq 70\% \text{ para } k < p$$

Podemos afirmar, portanto, que são os autovalores que indicam a importância de um componente sobre a variação total ou, ainda, que a CP é avaliada pela porcentagem de sua variância.

4.4 Correlação entre o CP e a variável

Segundo Varella (2008), existe uma análise a ser feita após a obtenção dos CPs. É necessário que se verifique o grau de influência entre a variável X_j sobre o respectivo componente Y_i, e isso pode ser obtido quando são correlacionadas as duas variáveis:

Equação 4.9

$$Corr(X_j, Y_i) = r_{Xj \cdot Yi} = a_{1j} \cdot \frac{\sqrt{\widehat{Var}(Y_i)}}{\sqrt{\widehat{Var}(X_j)}} = \sqrt{\lambda_1} \cdot \frac{a_{1j}}{\sqrt{\widehat{Var}(X_j)}}$$

Ainda segundo Varella (2008), depois de realizar a operação da Equação 4.9, podemos comparar a influência do CP sobre a variável em questão, analisando o peso (também conhecido como *loading*) de cada X sobre cada componente Y, sabendo que *w* é o peso da variável sobre o componente relacionado e que será determinado por:

Equação 4.10

$$w_1 = \frac{a_{11}}{\sqrt{\widehat{Var}(X_1)}}, w_2 = \frac{a_{12}}{\sqrt{\widehat{Var}(X_2)}}, \ldots, w_p = \frac{a_{1p}}{\sqrt{\widehat{Var}(X_p)}}$$

4.5 CPs de variáveis padronizadas e gráficos de CPs

Existem situações em que as variáveis estudadas são muito diferentes em tamanho e unidade, por isso se faz necessário que elas sejam padronizadas. Segundo Cruz (1987), esse método para obter os CPs a partir da matriz de covariância (S) é aconselhado somente nos casos em que as variáveis apresentam as mesmas dimensões e unidades, ou que, pelo menos, elas não sejam muito discrepantes. Então, como fazer para padronizar as variáveis?

Vamos inicialmente utilizar a seguinte forma:

Equação 4.11

$$Z_i = \frac{X_i - \infty}{\sigma_i}$$

A matriz de covariância assume valores Z_i para i = 1, 2, ..., p e podemos escrevê-la como:

Equação 4.12

$$R = \begin{bmatrix} 1 & r_{12} & \cdots & r_{1p} \\ r_{21} & 1 & \cdots & r_{2p} \\ \vdots & \vdots & \ddots & \vdots \\ r_{p1} & r_{p2} & \cdots & 1 \end{bmatrix}$$

Lembrando que os coeficientes do tipo r_{ij} são representados por:

Equação 4.13

$$r_{ij} = Cov(Z_i, Z_j) = \frac{Cov(X_i, X_j)}{\left[Var(X_i) Var(X_j)\right]^{1/2}}$$

Ainda de acordo com Cruz (1987), as estimativas dos CPs são diferentes quando utilizamos a matriz (S) ou a matriz (R), e o recomendado é a utilização da matriz (S) somente quando as unidades originais são sugeridas de maneira objetiva e não são fixadas de arbitrariamente.

Mas como podemos representar esses dados com vistas a simplificar a visualização deles? Para interpretar os resultados que são obtidos em cálculos de CPs, vamos construir um plano cartesiano a partir desses dados. O primeiro plano (plano principal) é construído utilizando-se o primeiro e o segundo CPs, para que possamos ter o maior número de informações possível. Uma observação válida neste momento é que, se a proporção relacionada à informação desse plano ultrapassar 80%, não é necessário examinar os outros planos (planos complementares). Caso contrário, essa complementação deverá ocorrer até se atingir no mínimo essa porcentagem. Outra observação é que os dados nunca trarão um resultado livre de distorções, e teremos que abstrair um pouco para realizar a análise, ou seja, será preciso deixar de lado alguns dados ou relevar variações nas porcentagens finais. Segundo Philippeau (1986), é bastante utilizada a obtenção de indicadores de qualidade para esse tipo de representação.

Além de conhecer os CPs, é necessário entender as variáveis originais, pois elas explicam a posição de cada indivíduo. É conveniente ressaltar que as variáveis que se relacionam com a primeira CP são as de maior importância, por realizarem a diferenciação entre tais indivíduos.

Podemos utilizar dois tipos de gráficos para realizar essa representação: o gráfico das distâncias entre indivíduos e o gráfico de correlações que nos permite associar variáveis e variabilidade. Segundo Gabriel (1971), muitas vezes são encontradas as duas representações utilizadas juntas, e então o gráfico é chamado de *biplot*.

Philippeau (1986) afirma que, para uma boa interpretação desses gráficos, são necessárias três etapas:

1. observação das estatísticas elementares – nelas estão contidas as médias, os desvios-padrões, as variâncias, as covariâncias e, ainda, as correlações.
2. observação dos autovalores e porcentagens de variação individuais das CPs – esse fato mostrará aproximadamente o número de CPs e quais gráficos devem ser examinados em razão de sua importância;
3. observação dos dois resultados principais da ACP – (a) a estrutura de variáveis, que será dada a partir das correlações dos eixos principais e será representada por um **círculo de correlações**, e (b) a distribuição de indivíduos, que, quando analisadas suas coordenadas sobre os eixos principais e índices de ângulos, mostrará a qualidade da representação gráfica.

Exemplificando

Observe como podem ser representados e a possível interpretação de gráficos de ACP na Figura 4.2, itens (a) e (b), respectivamente:

Figura 4.2 – Gráfico de uma ACP (a) e uma possível interpretação (b)

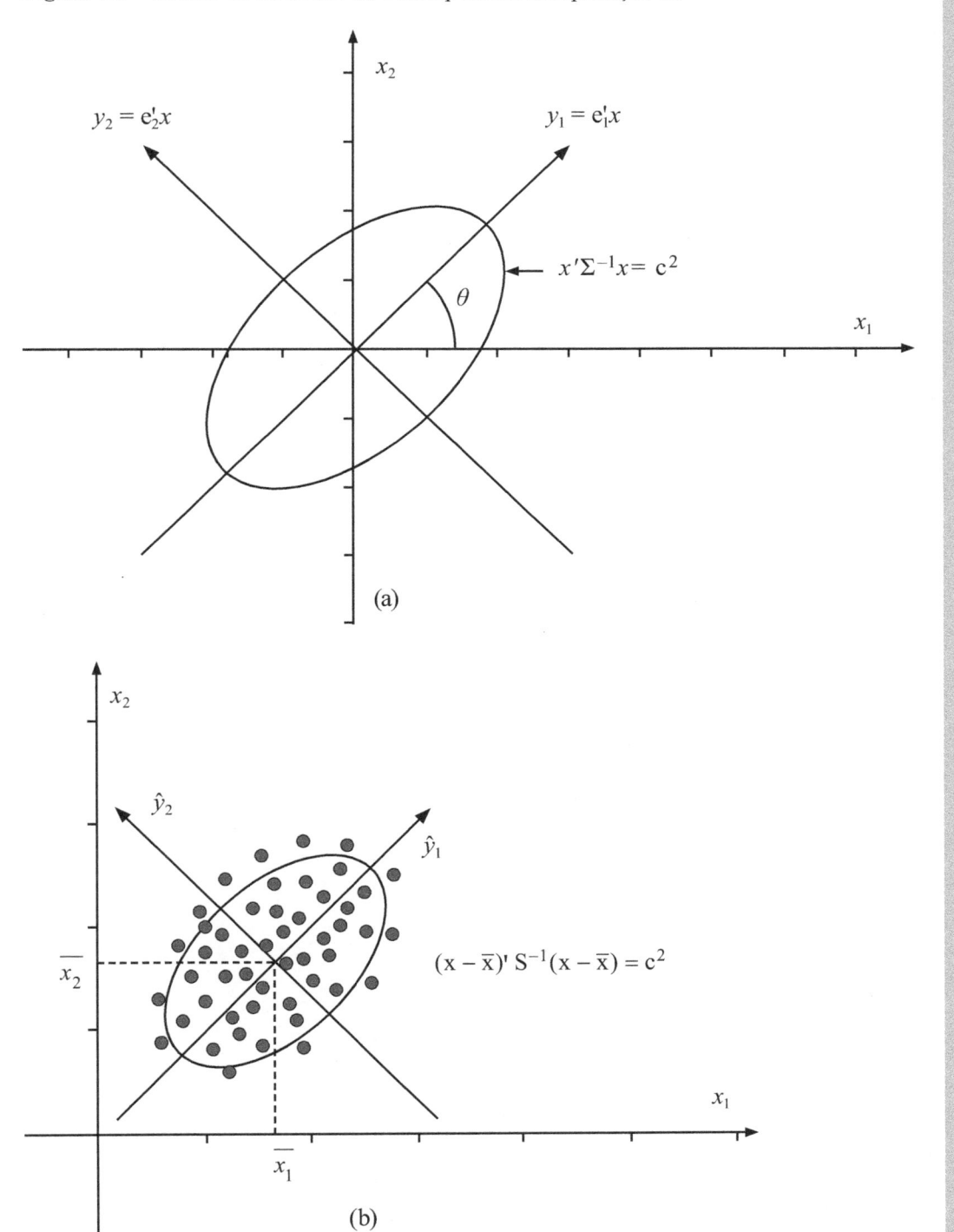

$y_2 = e_2' x$

$y_1 = e_1' x$

$x' \Sigma^{-1} x = c^2$

(a)

$(x - \bar{x})' S^{-1} (x - \bar{x}) = c^2$

(b)

Nesse caso, podemos verificar que o autovalor λ_1 é o maior dos autovalores. O maior eixo dessa elipse é definido pelo valor de e_1, e os outros autovalores têm menor representatividade.

Quando os autovalores de $\underset{pxp}{S}$ tiverem valores muito próximos ou até mesmo iguais, teremos uma amostra homogênea em todas as direções, como representado na Figura 4.3.

Figura 4.3 – Gráfico de ACP quando $\hat{\lambda}_1 > \hat{\lambda}_2$ (a) e quando $\hat{\lambda}_1 \equiv \hat{\lambda}_2$ (b)

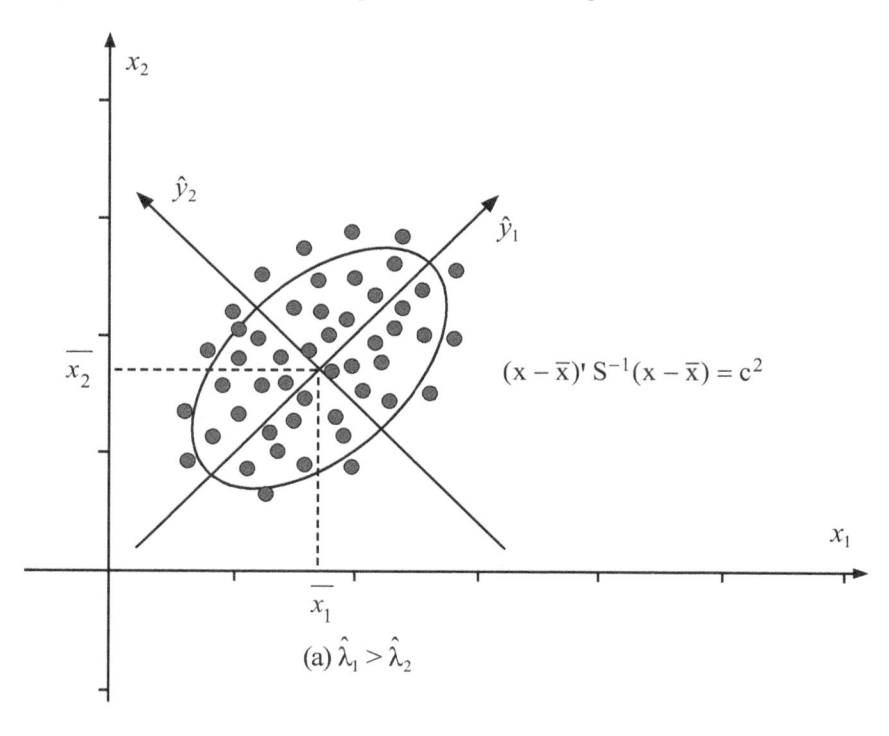

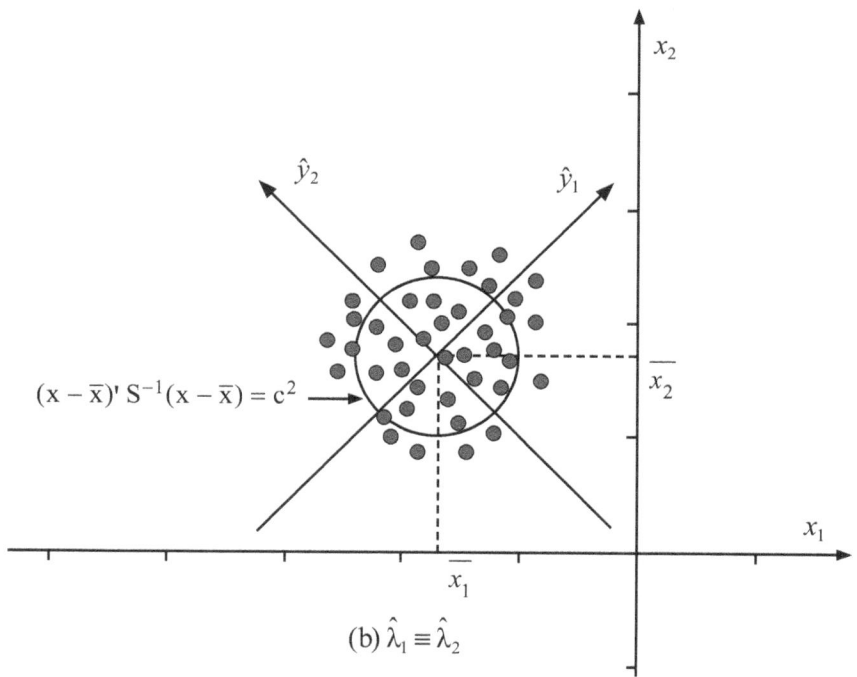

(a) $\hat{\lambda}_1 > \hat{\lambda}_2$

(b) $\hat{\lambda}_1 \equiv \hat{\lambda}_2$

Vamos resumir aqui duas ideias relacionadas aos gráficos de ACP: (1) os autovetores determinam a rotação dos eixos, sempre no sentido de maior variação; (2) os autovetores vão determinar as variâncias dos eixos de coordenadas rotacionados.

Exercício resolvido

A ACP é um método que explora a interdependência entre dados multivariados. Quando existe redundância de conjuntos de valores ou de dados, na maioria das vezes, é possível obter as informações necessárias utilizando conjuntos de dimensões bem menores. Veja este exemplo de aplicação:

Suponha que os dados obtidos em uma pesquisa foram já organizados em uma matriz, na qual cada coluna representa as observações de uma variável, aqui denominadas x_1 e x_2, respectivamente. E assim ficamos com a matriz X:

$$X = \begin{bmatrix} 2 & 1 \\ 9 & 8 \\ 7 & 5 \\ 3 & 4 \\ 4 & 2 \end{bmatrix}$$

A seguir, calculamos as médias das duas variáveis:

$$\bar{x}_1 = \frac{2+9+7+3+4}{5} = \frac{25}{5} = 5$$

$$\bar{x}_2 = \frac{1+8+5+4+2}{5} = \frac{20}{5} = 4$$

Agora, para calcular a matriz dos desvios, será subtraída a média para cada componente da matriz X:

$$X_{desv} = \begin{bmatrix} 2 & 1 \\ 9 & 8 \\ 7 & 5 \\ 3 & 4 \\ 4 & 2 \end{bmatrix} - \begin{bmatrix} 5 & 4 \\ 5 & 4 \\ 5 & 4 \\ 5 & 4 \\ 5 & 4 \end{bmatrix} = \begin{bmatrix} -3 & -3 \\ 4 & 4 \\ 2 & 1 \\ -2 & 0 \\ -1 & -2 \end{bmatrix}$$

Com isso, já podemos obter a matriz de covariância, a qual chamaremos de S, e que é dada pela seguinte expressão:

$$S = \frac{1}{n-1} X'_{desv} X_{desv}$$

Lembrando que *n* é o número de observações, para nosso caso é 5, e X'_{desv} é a matriz transposta de X_{desv}. Então teremos:

$$S = \frac{1}{4}\begin{bmatrix} -3 & 4 & 2 & -2 & -1 \\ -3 & 4 & 1 & 0 & -2 \end{bmatrix} \begin{bmatrix} -3 & -3 \\ 4 & 4 \\ 2 & 1 \\ -2 & 0 \\ -1 & -2 \end{bmatrix}$$

Resolvendo essa multiplicação, ficamos com:

$$S = \frac{1}{4}\begin{bmatrix} 34 & 29 \\ 29 & 30 \end{bmatrix} = \begin{bmatrix} 8,50 & 7,25 \\ 7,25 & 7,50 \end{bmatrix}$$

É possível notar, então, que a matriz de covariância para este caso será do tipo 2 × 2:

$$S = \begin{bmatrix} S_{11} & S_{12} \\ S_{21} & S_{22} \end{bmatrix}$$

Caso desejemos determinar a matriz de correlação do seguinte tipo:

$$R = \begin{bmatrix} 1 & r_{12} & \cdots & r_{1p} \\ r_{21} & 1 & \cdots & r_{2p} \\ \vdots & \vdots & \ddots & \vdots \\ r_{p1} & r_{p2} & \cdots & 1 \end{bmatrix}$$

Calculamos cada elemento da matriz utilizando:

$$r_{ij} = \frac{S_{ij}}{\sqrt{S_{ii}}\sqrt{S_{jj}}}$$

E como essa nova matriz R será do tipo $r_{ij} = r_{ji}$ (simétrica) e temos uma matriz 2 × 2, ficamos com:

$$R = \begin{bmatrix} 1 & \dfrac{S_{12}}{\sqrt{S_{11}}\sqrt{S_{22}}} \\ \dfrac{S_{12}}{\sqrt{S_{11}}\sqrt{S_{22}}} & 1 \end{bmatrix}$$

Substituindo os valores do nosso exemplo, obtemos a seguinte matriz de correlação:

$$R = \begin{bmatrix} 1 & 0,908025 \\ 0,908025 & 1 \end{bmatrix}$$

Para saber mais

Você pode aprofundar seus conhecimentos com a leitura dos artigos relacionados à ACP e acessando alguns *sites* que tratam do assunto.

HONGYU, K.; SANDANIELO, V. L. M.; OLIVEIRA JUNIOR., G. J., Análise de componentes principais: resumo teórico, aplicação e interpretação. **Engineerig and Science**, v. 5, n. 1, p. 83-90, 2016. Disponível em: <https://periodicoscientificos.ufmt.br/ojs/index.php/eng/article/view/3398>. Acesso em: 10 jul. 2023.

PEREIRA, V.; ARAÚJO, E. **Estatística multivariada (SPSS) – 03 – análise fatorial exploratória e análise de componentes principais**. 2019. Disponível em: <https://www.researchgate.net/publication/281465528_Estatistica_Multivariada_SPSS_-_03_-_Analise_Fatorial_Exploratoria_e_Analise_de_Componentes_Principais>. Acesso em: 10 jul. 2023.

Síntese

A ACP foi primeiramente descrita em 1901 por Karl Pearson. Mais tarde, por volta de 1933, Hotelling, utilizando modelos computacionais, tentou facilitar a realização desses cálculos. Essa técnica nem sempre é possível de ser utilizada, principalmente se existir um número grande de variáveis iniciais. Verificamos também como arranjar a matriz da transformada de Hotelling para a obtenção dos CPs. Destacamos a importância relativa de cada CP e como representar tal importância utilizando a porcentagem. Em seguida, analisamos a correlação entre os CPs e suas variáveis. Por fim, demonstramos como padronizar as variáveis dos CPs e como representar e interpretar gráficos de CPs.

Questões para revisão

1) O principal objetivo da utilização da ACP é reduzir as dimensões do problema. Para tanto, é importante a escolha do número de CPs que serão utilizadas em etapas cruciais da análise. Sabendo que a referência para a ACP é a matriz de covariância de dados, qual seria a recomendação relacionada a seus componentes?

2) Sobre a técnica multivariada de ACP, assinale a alternativa que apresenta a resposta correta:

    a. Para utilizá-la, efetua-se uma transformação ortogonal juntamente a observações das variáveis que possivelmente estão relacionadas entre si, de modo a realizar a conversão dessas variáveis em um conjunto de observações de variáveis que linearmente não se relacionam.

b. As variáveis originais são modeladas de modo que se sejam obtidas combinações lineares de variáveis latentes comuns, além de um componente de erro aleatório.

c. É um processo no qual se criam novas variáveis derivadas das variáveis originais, representando as comunalidades do processo.

d. É uma técnica denominada *exploratória*, com dados categorizados, bastante adequada para análise de tabelas de dupla entrada, que atende às medidas de correspondência entre linhas e colunas.

e. É uma técnica que estuda a separação dos objetos de populações em grupos diferentes e previamente estabelecidos.

3) Na análise ACP, é possível obter:

   a. menos variáveis que fatores.

   b. mais variáveis que fatores.

   c. sempre duas variáveis e dois fatores.

   d. sempre dois fatores.

   e. o número de fatores e de variáveis, dependendo do modelo adotado.

4) A medida de correlação linear de Pearson se utiliza do coeficiente de correlação para indicar o grau da relação entre as variáveis estudadas, além do sentido dessa correlação. Se obtivermos um coeficiente de correlação de Pearson no valor de r = 0,98, qual é a melhor interpretação desse resultado?

5) Sobre a técnica multivariada de ACP, assinale a alternativa que apresenta a informação **incorreta**:

   a. Na técnica de ACP, os autovetores determinam a rotação a ser realizada no sentido de menor variação.

   b. Na técnica de ACP, os autovalores determinam as variâncias dos novos eixos coordenados.

   c. Os gráficos de dispersão são utilizados para visualização da dispersão dos tratamentos em função dos escores da ACP.

   d. Para serem obtidos resultados com maior sucesso na ACP, é necessário ter variáveis iniciais altamente correlacionadas.

   e. Na técnica de ACP, a melhor forma de escolha de dados é quando eles não estão agrupados (ou em conjuntos).

Questões para reflexão

1) A ACP é um dos métodos mais simples das técnicas multivariadas. Elabore um resumo apontando os principais objetivos dessa técnica.

2) A obtenção dos CPs é baseada no cálculo de autovalores e autovetores. Explique em poucas palavras o que representam esses autovalores e autovetores para a ACP.

Conteúdo do capítulo

- Definição da análise de discriminante.
- Técnicas de reconhecimento de padrões para separar e classificar variáveis.
- Funções de classificação.
- Funções de Fisher: linear, quadrática e canônica.

Após o estudo deste capítulo você será capaz de:

1. definir a ideia de análise de discriminante;
2. compreender os principais objetivos e aplicações da análise de discriminantes;
3. verificar os procedimentos para a realização da análise de discriminante;
4. discutir e analisar a discriminante múltipla;
5. entender as funções discriminantes de Fisher: linear, quadrática e canônica.

5
Análise de discriminante

A técnica de análise de discriminante, é mais uma das técnicas de análise multivariada que pode ser utilizada quando se trabalha com **reconhecimentos de padrões**.

Essa técnica consiste basicamente em **separar** (conjuntos, objetos, observações) e **classificar** (alocar, organizar novos objetos, observações em novos conjuntos previamente definidos).

Como podemos observar, nessa técnica é necessário conhecer previamente os objetos, as características gerais dos grupos, para então ser possível fazer a alocação e a organização em novos grupos.

Além disso, a técnica é baseada na definição de uma variável dependente, a variável categórica, e em variáveis independentes, as múltiplas variáveis métricas, que, ao final, servirão para a distribuição dos grupos.

Vale aqui um comentário: muitos confundem a análise de discriminante com a análise de *cluster*, porém, na última, não se faz necessário o conhecimento prévio dos grupos, basta que se descubram esses agrupamentos de modo natural. Sendo assim, dizemos que o uso da análise de discriminante é apropriado quando se conhece um perfil do comportamento de cada grupo e de suas principais características, então a técnica é somente aplicada para comparar essas semelhanças e diferenças, além de ser utilizada para a classificação dos novos grupos semelhantes.

5.1 Conceitos e objetivos

No decorrer da análise de discriminante, você verá que utilizaremos a ideia de *reconhecimento de padrão*. Esse termo está interligado à ideia de programação, redes. E o que vem a ser o reconhecimento de padrão?

Para facilitar a resposta, vamos elencar alguns exemplos de máquinas inteligentes que conhecemos atualmente:

- assistentes virtuais (Siri, Alexa, Google Assistente) que respondem a questões dos clientes e a certas ações, como acender luzes, tocar uma música etc.
- carros chineses que estacionam sozinhos;
- mísseis teleguiados usados desde a Guerra Fria;
- na medicina, máquinas inteligentes são utilizadas para leituras e análises de exames de tomografia com precisão até maior do que a dos médicos.

Podemos perceber que estamos falando, em todos os casos, de inteligências artificiais (IA).

Antigamente, as abordagens de reconhecimento de padrão eram a abordagem estatística e a estrutural (sintática). Hoje, com o avanço da computação e de outras áreas da ciência e engenharias, falamos de redes neurais e programação matemática.

As mais importantes questões para o reconhecimento de padrões, segundo o Professor Anselmo Chaves Neto (2023), em suas notas de aula, são:

- As técnicas são aplicáveis e adequadas para o meu problema de reconhecimento e classificação?
- Será possível desenvolver modelos úteis, dentro dos parâmetros do modelo, para os problemas determinados?
- Os algoritmos existem, podem ser aplicados e são práticos?

Ainda citando Chaves Neto (2023), com bases nessas informações, podemos determinar que os principais objetivos dessa técnica são:

a) determinar as semelhanças e diferenças estatisticamente significativas entre os grupos predefinidos.
b) identificar a relativa importância de cada variável em cada grupo;
c) estabelecer o número de novos grupos que serão formados a partir das semelhanças ou diferenças obtidas no item "a" e nomear cada uma das novas funções discriminantes (obs.: o número de funções significativas é o que determina as dimensões das funções discriminantes);
d) desenvolver os procedimentos para classificação dos grupos e, logo após, examinar a função discriminante para verificar sua viabilidade.

Mas a pergunta mais simples e fundamental que podemos fazer ainda não foi feita: Quando é possível realmente utilizar a técnica da análise de discriminante?

Podemos afirmar que, quando a principal necessidade é explorar as diferenças entre grupos distintos previamente definidos e depois é necessário classificá-los, essa é a técnica mais apropriada.

Agora podemos passar para a fase de separação e classificação dos discriminantes.

5.2 Separação e classificação

Como já comentado, os principais objetivos dessa técnica são **discriminar** e **classificar**. Segundo Sartorio (2008), o primeiro a falar em *discriminar* e *classificar* foi Ronald Aylmer Fisher (1936), em seu primeiro trabalho sobre esse assunto, no qual trabalhou com o tratamento de problemas de separação.

> O QUE É
>
> - Discriminar – Distinguir, especificar, descrever algebricamente ou de forma gráfica as principais características dos objetos ou observação para achar as "discriminantes" desses objetos, e separar esses valores tanto quanto possível.
> - Classificar – Juntar em grupos dentro de duas ou mais classes determinadas, ou seja, encontrar uma regra que possa ser utilizada nas alocações das classes consideradas.

Observe agora a Figura 5.1, a seguir.

Figura 5.1 – Diagrama com informações de classes, padrões e medidas e suas relações

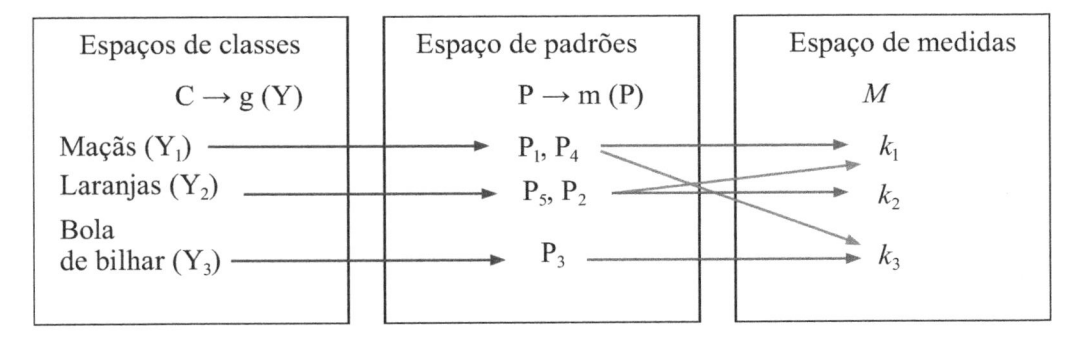

Espaços de classes	Espaço de padrões	Espaço de medidas
$C \to g(Y)$	$P \to m(P)$	M
Maçãs (Y_1)	P_1, P_4	k_1
Laranjas (Y_2)	P_5, P_2	k_2
Bola de bilhar (Y_3)	P_3	k_3

Quando há um problema de reconhecimento de padrão, basicamente se tem um vetor com medidas (m_i), sendo necessário um método que inverta o mapeamento para as outras relações (g e m), para assim ser possível identificar a classe que gerou as medidas.

Nesse caso, podemos ver que:

- as maçãs têm diferenças em tamanho, peso e forma (Y_1);
- isso também vale para as laranjas (Y_2), mas não para as bolas de bilhar (Y_3);
- em algumas medições, há similaridades em atributos (k_1 e k_2);
- a distinção das classes pode ser obtida em função das variáveis, como, por exemplo, as massas, que são bastantes distintas entre a maioria das maçãs e laranjas.

Quando se faz uma análise mais aprofundada do assunto, percebe-se que é necessário criar uma regra para decidir a qual novo grupo o objeto pertencerá, ou seja, será necessário criar um procedimento para minimizar os erros durante a classificação dos objetos. Assim, utilizará as ideias de funções para apoiar nossas decisões.

Vamos tomar aqui então duas funções densidade, $f_1(x)$ e $f_2(x)$, que serão posteriormente associadas a vetores aleatórios denominados $X_{p\times 1}$ quando estivermos trabalhando com populações do tipo φ_1 e φ_2. Trabalharemos aqui com o espaço amostral R_1 e R_2, que são os conjuntos de valores que tomaremos para x, para o qual classificaremos os objetos do tipo φ_1 e φ_2, respectivamente. Também chamaremos de agora em diante de p_1 e p_2 as probabilidades dos mesmos conjuntos respectivos.

Agora trabalharemos com as probabilidades globais ($p_1 + p_2 = p$), e poderemos classificar as probabilidades condicionais:

- $P(x \in R_1 \mid r_1)P(r_1) = P(1\mid 1)p_1 \rightarrow$ classificado corretamente como φ_1;
- $P(x \in R_1 \mid r_2)P(r_2) = P(1\mid 2)p_2 \rightarrow$ classificado incorretamente como φ_2;
- $P(x \in R_2 \mid r_2)P(r_2) = P(2\mid 2)p_2 \rightarrow$ classificado corretamente como φ_2;
- $P(x \in R_2 \mid r_1)P(r_1) = P(2\mid 1)p_1 \rightarrow$ classificado incorretamente como φ_1.

Graficamente, teremos o que mostra a Figura 5.2, a seguir.

Figura 5.2 – Classificação das propriedades condicionais

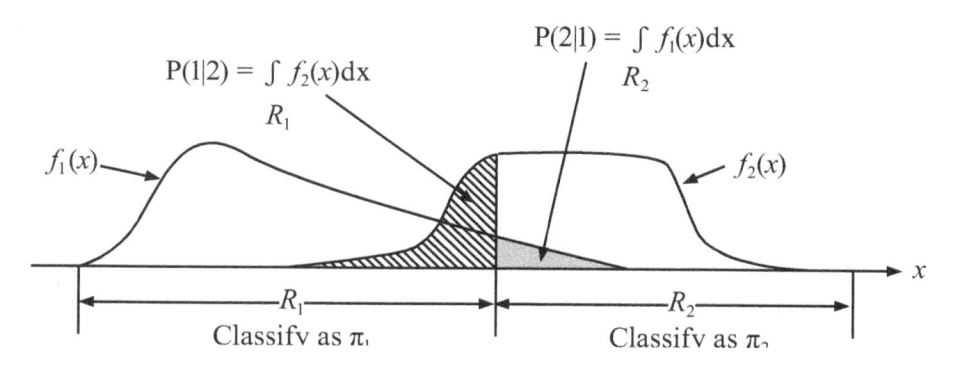

Fonte: Johnson; Wichern, 2007, p. 580.

Ou podemos trabalhar com a ideia da Tabela 5.1, de lógica matemática, chamada de *tabela verdade*.

Tabela 5.1 – Tabela verdade das classificações condicionais

		Classificação	
		π_1	π_2
População	π_1	0	C(2|1)
Verdadeira	π_2	C(1|2)	

Na tabela, C(1|2) é a classificação incorreta do objeto, o qual, em vez de ser classificado como φ_2, foi classificado como φ_1. Dessa forma, podemos calcular o custo médio da classificação incorreta, multiplicando as probabilidades de ocorrência dos termos C(1|2) e C(2|1):

Equação 5.1

$$\text{EMC} = C(1\mid 2)P(1\mid 2)p_2 + C(2\mid 1)P(2\mid 1)p_1$$

Depois de analisar a equação anterior, podemos perceber que uma classificação razoável teria o menor EMC possível, e isso acarretaria regiões R_1 e R_2, que devem ser minimizadas. Então podemos, após algumas manipulações algébricas, chegar às seguintes desiguladades:

Equação 5.2

$$R_1 : \frac{f_1(x)}{f_2(x)} \geq \left(\frac{C(1\mid 2)}{C(2\mid 1)}\right)\frac{p_2}{p_1}$$

Equação 5.3

$$R_1 : \frac{f_1(x)}{f_2(x)} < \left(\frac{C(1\mid 2)}{C(2\mid 1)}\right)\frac{p_2}{p_1}$$

Exemplificando

Considere a Tabela 5.2, com informações quantitativas e qualitativas sobre famílias (rendimento e tamanho) e se elas possuem ou não aparelho de ar-condicionado em casa:

Tabela 5.2 – Relação rendimento – Número de pessoas da família – Ar-condicionado – 1ª situação

Rendimento familiar	Número de pessoas da família	Possui ou não ar-condicionado
2500	1	Não
3000	2	Não
4000	2	Não

(continua)

(Tabela 5.2 – conclusão)

Rendimento familiar	Número de pessoas da família	Possui ou não ar-condicionado
4500	5	Não
5000	4	Não
5500	2	Não
6000	4	Sim
7000	4	Sim
8500	2	Sim
10000	4	Sim

Para este caso, é possível concluir que é o rendimento das famílias que permite possuir ou não o ar-condicionado e que a quantidade de pessoas da família não é realmente importante.

Agora veja uma segunda situação:

Tabela 5.3 – Relação rendimento – Número de pessoas da família – Ar-condicionado – 2ª situação

Rendimento familiar	Número de pessoas da família	Possui ou não ar-condicionado
2500	1	Não
3000	2	Não
4000	2	Sim
4500	5	Sim
5000	4	Não
5500	2	Sim
6000	4	Sim
7000	4	Sim
8500	2	Sim
10000	4	Sim

Ao observarmos essa tabela, já não é possível concluir tão facilmente qual é realmente o motivo para uma família possuir ou não o aparelho de ar-condicionado, assim, é necessária uma análise das duas variáveis em conjunto para que seja possível perceber qual seria realmente esse fator de escolha.

Ao observarmos um gráfico da situação, podemos ver a **discriminação** entre dois grupos de consumidores.

Gráfico 5.1 – Comparação entre 1ª e 2ª situações

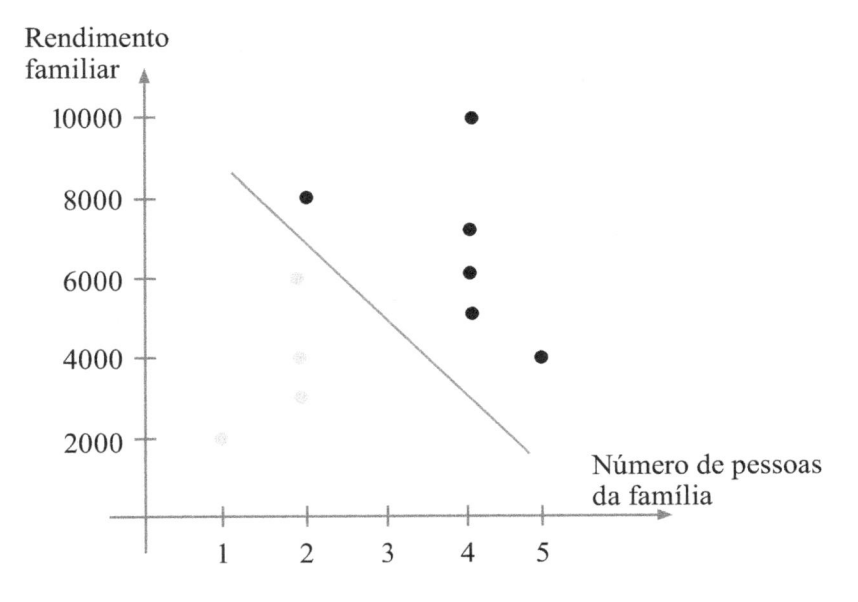

Rendimento familiar / Número de pessoas da família

5.3 Funções de classificação

É bastante comum a classificação de populações para sua utilização posterior na estatística pelo fato de simplificar e aumentar a eficiência dessas informações. Assim, vamos assumir que temos funções do seguinte tipo: $f_1(x) \sim N_P(\mu_1, \Sigma_1)$ e $f_2(x) \sim N_P(\mu_2, \Sigma_2)$. Utilizaremos também a ideia de que as populações φ_1 e φ_2 serão representadas por $X' = [X_1, X_2, ..., X_P]$, e os vetores de observação fixos, por $x' = [x_1, x_2, ..., x_P]$. Então, poderemos utilizar a ideia da função densidade, que, de maneira genérica, é escrita na seguinte forma:

Equação 5.4

$$f_1(x) = \frac{1}{(2\pi)^{p/2} |\Sigma_i|^{1/2}} \exp\left[-\frac{1}{2}(x - \varphi_i)' \Sigma_i^{-1} (x - \varphi_i)\right]$$

Nessa expressão, temos i = 1,2.

O QUE É

Função de classificação – Método de classificação em que a função linear é definida para os grupos. Calcula-se o escore do grupo e aloca-se a variável para o grupo de maior escore. (Varella, 2008)

Como se trata de dois ou mais termos, trabalharemos com a separação dos pares (φ_1, Σ_1) e (φ_2, Σ_2) e podemos escrever a função $\lambda(x)$, chamada de *função discriminante*:

Equação 5.5

$$\lambda(x) = \frac{f_1(x)}{f_2(x)} = \frac{|\Sigma_1|^{-1/2} \exp\left[-\frac{1}{2}(x-\mu_1)'\Sigma_1^{-1}(x-\mu_1)\right]}{|\Sigma_2|^{-1/2} \exp\left[-\frac{1}{2}(x-\mu_2)'\Sigma_2^{-1}(x-\mu_2)\right]}$$

Ou ainda, poderá ser reescrita da forma:

Equação 5.6

$$\lambda(x) = \frac{|\Sigma_1|^{-1/2}}{|\Sigma_2|^{-1/2}} \exp\left[-\frac{1}{2}(x-\mu_1)'\Sigma_1^{-1}(x-\mu_1) + \frac{1}{2}(x-\mu_2)'\Sigma_2^{-1}(x-\mu_2)\right]$$

Para podermos minimizar as regiões da ECM, utilizaremos as equações:

Equação 5.7

$$R_1 : \frac{|\Sigma_1|^{-1/2}}{|\Sigma_2|^{-1/2}} \exp\left[-\frac{1}{2}(x-\mu_1)'\Sigma_1^{-1}(x-\mu_1) + \frac{1}{2}(x-\mu_2)'\Sigma_2^{-1}(x-\mu_2)\right] \geq \left(\frac{C(1|2)}{C(2|1)}\right)\left(\frac{p_2}{p_1}\right)$$

Equação 5.8

$$R_2 : \frac{|\Sigma_1|^{-1/2}}{|\Sigma_2|^{-1/2}} \exp\left[-\frac{1}{2}(x-\mu_1)'\Sigma_1^{-1}(x-\mu_1) + \frac{1}{2}(x-\mu_2)'\Sigma_2^{-1}(x-\mu_2)\right] < \left(\frac{C(1|2)}{C(2|1)}\right)\left(\frac{p_2}{p_1}\right)$$

Substituindo os dados nas equações e utilizando mais álgebra (tomar o logaritmo natural e multiplicar as desigualdades por -2), teremos:

Equação 5.9

$$-2\ln[\lambda(x)] = \left[\ln|\Sigma_1| - \ln|\Sigma_2|\right] + [(x-\varphi_1)'\Sigma_1^{-1}(x-\varphi_1)] - [x-\varphi_2)'\Sigma_2^{-1}(x-\varphi_2)]$$

Agora podemos analisar as funções determinantes. Assim, se:

- matrizes de covariância diferentes $(\Sigma_1 \neq \Sigma_2)$, a função discriminante será quadrática;
- matrizes de covariância iguais $(\Sigma_1 = \Sigma_2 = \Sigma)$, a função discriminante será de Fisher.

Se fizermos mais algumas mudanças nas equações, separando os termos e isolando o logaritmo, teremos:

Equação 5.10

$$\ln[\lambda(x)] = -\frac{1}{2}\left[(x-\varphi_1)'\Sigma^{-1}(x-\varphi_1)\right] + \frac{1}{2}\left[(x-\varphi_2)'\Sigma^{-1}(x-\varphi_2)\right]$$

$$= (\varphi_1 - \varphi_2)'\Sigma^{-1}x - \frac{1}{2}(\varphi_1 - \varphi_2)'\Sigma^{-1}(\varphi_1 + \varphi_2)$$

Nessa expressão, o primeiro termo é y = ax e o segundo termo é o termo independente, o coeficiente linear *m*. Nesse caso, as regiões podem ser analisadas da seguinte forma:

- para R_1, temos âx ≥ m se $\ln[\lambda(x)] \geq 0 = \left[\left(\frac{C(1|2)}{C(2|1)}\right)\left(\frac{p_2}{p_1}\right)\right]$, e, assim, x estará mais perto de φ_1 do que de φ_2;

- para R_2, temos âx < m se $\ln[\lambda(x)] < 0 = \left[\left(\frac{C(1|2)}{C(2|1)}\right)\left(\frac{p_2}{p_1}\right)\right]$, e, assim, x estará mais perto de φ_2 do que de φ_1.

Lembrando que *m* é uma constante que delimita a região de classificação e *y* é uma combinação linear dos vetores das médias. Além disso, existe uma recomendação de que sejam padronizados os coeficientes para a interpretação ou determinação das variáveis mais importantes para a função discriminante linear de Fisher.

5.4 Função discriminante linear e quadrática de Fisher

Quando é necessária uma combinação entre as variáveis independentes, como forma de maximizar a separação dos grupos, permitindo que as novas observações possam ser classificadas dentro desses grupos, agora conhecidos, são utilizadas as funções linear ou quadrática de Fisher.

> **O QUE É**
>
> Função discriminante – Função que maximiza a separação dos grupos.

Primeiramente, devemos lembrar que a análise de discriminante segue as ideias bayesianas, ou seja, temos uma f(X = x | Y = k), sendo *X* o vetor de variáveis aleatórias e *Y* a variável nominal com seus *k* níveis.

Para podermos aplicar e obter uma classificação dos dados, vamos utilizar repetições predefinidas até que a classificação da variável ou do objeto que temos inicialmente seja maximizada. Assumimos que a função f(Xx | Y) seja normalizada e podemos escrever a função em que *k* foi maximizado como:

Equação 5.11

$$\delta_k(k) \propto \arg\max \pi_k(k) f_k(x)$$

Quando passamos o logaritmo, ficamos com:

Equação 5.12

$$= \arg\max \left\{ \log \pi_k - \frac{1}{2} \log |\Sigma_k| - \frac{1}{2}(x - \mu_k)' \Sigma_k^{-1}(x - \mu_k) \right\}$$

Essa ideia pode ser aplicada em diversos exemplos, como para o estudo de pessoas portadoras de certas doenças e classificar quanto a sexo, idade, taxas variadas, ou ainda classificar um indivíduo como bom ou mau pagador de suas dívidas a partir de um relatório socioeconômico.

Lembrando que a discriminante de Fisher pode ser subdividida em linear e quadrática, conforme veremos a seguir.

5.4.1 Discriminante linear de Fisher

A discriminante linear de Fisher nada mais é do que uma combinação linear das características primeiras (originais) do problema, e acaba por produzir uma separação máxima entre suas populações.

Para isso, consideremos que temos os vetores médios (μ_i) e a matriz de covariância (Σ) como valores conhecidos. Vamos aqui considerar também que conhecemos a população (π_i). Com esse dados, poderemos escrever a função linear máxima de Fisher como:

Equação 5.13

$$D(X) = L' \cdot X = [\mu_1 - \mu_2]' \cdot \Sigma^{-1} \cdot X$$

Nessa expressão, temos:

- $X = [X_1, X_2, \ldots, X_p]$ e $\pi = [\pi_1, \pi_2]$;
- L → vetor discriminante;
- X → vetor aleatório característica da população;
- µ → vetor das médias;
- Σ → matriz covariante das populações.

Como x_0 é o valor da função discriminante para certa observação, podemos reescrever a Equação 5.13 como:

Equação 5.14

$$D(x_0) = [\mu_1 - \mu_2]' \cdot \Sigma^{-1} \cdot x_0$$

A classificação da função linear de Fisher é feita com base no ponto médio entre duas populações consideradas (μ_1 e μ_2). Para isso, vamos precisar reescrever a equação das médias em função dessas populações, e teremos:

Equação 5.15

$$m = \frac{1}{2}[\mu_1 - \mu_2]' \cdot \Sigma^{-1}[\mu_1 - \mu_2] = \frac{1}{2}[D(\mu_1) + D(\mu_2)]$$

E sua classificação será:

$$x_0 \to \pi_1 \text{ se } D(x_0) = [\mu_1 - \mu_2]' \cdot \Sigma^{-1} \cdot x_0 \geq m$$

$$x_0 \to \pi_2 \text{ se } D(x_0) = [\mu_1 - \mu_2]' \cdot \Sigma^{-1} \cdot x_0 < m$$

É possível que as populações (π_1, π_2) tenham a mesma matriz de covariância Σ. Assim, poderemos estimar uma matriz comum, entre as duas populações consideradas, de covariância, a qual chamaremos de S_C e que será dada por:

Equação 5.16

$$S_C = \left[\frac{n_1 - 1}{(n_1 - 1) + (n_2 - 1)}\right] \cdot S_1 + \left[\frac{n_1 - 1}{(n_1 - 1) + (n_2 - 1)}\right] \cdot S_2$$

Nessa expressão, temos:

- $S_C \to$ estimativa de matriz de covariância comum Σ;
- $n_1 \to$ n. observações população π_1;
- $n_2 \to$ n. observações população π_2;
- $S_1 \to$ estimativa da matriz covariância de população π_1;
- $S_2 \to$ estimativa da matriz covariância de população π_2.

Agora que temos todos os parâmetros em mãos, podemos reescrever a discriminante linear de Fisher desta forma:

Equação 5.17

$$D(x) = \hat{L} \cdot x = [\bar{x}_1 - \bar{x}_2]' \cdot S_C^{-1} \cdot x$$

Vamos ver agora um exemplo de aplicação.

Exercício resolvido

A Tabela 5.4, a seguir, refere-se a duas raças de insetos e a relação entre as cerdas primordiais e distais de cada um deles. Vamos utilizar as informações da tabela para obter a função discriminante linear de Fisher.

Tabela 5.4 – Média de cerdas primordiais (x_1) e distais (x_2) para duas raças de insetos

Raça A		Raça B	
x_1	x_2	x_1	x_2
6,36	5,24	6,00	4,88
5,92	5,12	5,60	4,64
5,92	5,36	5,64	4,96
6,44	5,64	5,76	4,80
6,40	5,16	5,96	5,08
6,56	5,56	5,72	5,04
6,64	5,36	5,64	4,96
6,68	4,96	5,44	4,88
6,72	5,48	5,04	4,44
6,76	5,60	4,56	4,04
6,72	5,08	5,48	4,20
		5,76	4,80

Fonte: Varella, 2010, p. 6.

O primeiro passo para a obtenção de nossa função linear é a verificação das estimativas médias. Utilizando os dados da Tabela 5.4, teremos, para as raças A e B, respectivamente:

$$\bar{X}_A = \begin{bmatrix} \bar{x}_{A1} \\ \bar{x}_{A2} \end{bmatrix} = \begin{bmatrix} 6,46545 \\ 5,32364 \end{bmatrix}$$

$$\bar{X}_B = \begin{bmatrix} \bar{x}_{B1} \\ \bar{x}_{B2} \end{bmatrix} = \begin{bmatrix} 5,55000 \\ 4,72667 \end{bmatrix}$$

Também podemos obter agora as estimativas de matriz de covariância para as populações A e B, respectivamente:

$$S_A = \begin{bmatrix} 0,091287 & 0,011258 \\ 0,011258 & 0,052625 \end{bmatrix}$$

$$S_B = \begin{bmatrix} 0,160327 & 0,107418 \\ 0,107418 & 0,111661 \end{bmatrix}$$

Lembrando que devemos assumir que as matrizes de covariância das populações são iguais, $\Sigma_A = \Sigma_B = \Sigma$, vamos escrever a matriz de covariância S_C:

$$S_C = \left[\frac{11-1}{(11-1)(12-1)}\right] \cdot S_1 + \left[\frac{12-1}{(n_1-1)(n_2-1)}\right] \cdot S_2$$

Então, teremos que:

$$S_C = \begin{bmatrix} 0,12745 & 0,06162 \\ 0,06162 & 0,08345 \end{bmatrix}$$

Assim como:

$$S_C^{-1} = \begin{bmatrix} 12,1960015 & -8,995464 \\ -8,995464 & 18,604583 \end{bmatrix}$$

Vamos precisar ainda das diferenças das médias, que serão dadas por:

$$[\bar{x}_1 - \bar{x}_2] = \begin{bmatrix} 6,46545 & -5,5500 \\ 5,32364 & -4,72667 \end{bmatrix} = \begin{bmatrix} 0,91545 \\ 0,59697 \end{bmatrix}$$

$$[\bar{x}_1 - \bar{x}_2] = [0,91545 \quad 0,59697]$$

E também precisaremos do vetor discriminante:

$$\hat{L} = [0,91545 \quad 0,59697] \cdot \begin{bmatrix} 12,196015 & -8,995964 \\ -8,995464 & 18,604583 \end{bmatrix}$$

$$\hat{L} = [5,794819 \quad 2,871023]$$

Agora, com todos os dados em mãos, podemos escrever o discriminante:

$$D(x) = [5,794819 \quad 2,871023] \cdot \begin{bmatrix} x_1 \\ x_2 \end{bmatrix}$$

$$D(x) = 5,794819 x_1 + 2,871023 x_2$$

5.4.2 Discriminante quadrática de Fisher

Quando há mais do que uma variável medida para cada elemento da amostra de cada população (p > 1), e elas tenham origem em distribuições normais, podemos supor que o vetor X seja normal em relação ao vetor de médias µ e com a matriz de covariância Σ para qualquer que seja o número de populações utilizadas.

Podemos então escrever a razão entre as funções de densidade entre as populações em termos do logaritmo:

Equação 5.18

$$-2\ln(\lambda(x)) = -2\ln\left\{\frac{(2\pi)^{\frac{p}{2}}\left(|\Sigma_1|^{\frac{1}{2}}\right)^{-1}}{(2\pi)^{\frac{p}{2}}\left(|\Sigma_2|^{\frac{1}{2}}\right)^{-1}}\left[\frac{\exp\left\{-\frac{1}{2}(x-\mu_1)'\Sigma_1'(x-\mu_1)\right\}}{\exp\left\{-\frac{1}{2}(x-\mu_2)'\Sigma_2'(x-\mu_2)\right\}}\right]\right\}$$

E poderemos classificar, segundo Mingoti (2007), os elementos de cada população como:

- $-2\ln(\lambda(x)) > 0 \rightarrow$ pertence à população 1;
- $-2\ln(\lambda(x)) < 0 \rightarrow$ pertence à população 2;
- $-2\ln(\lambda(x)) = 0 \rightarrow$ pode pertencer a qualquer uma das populações.

Quando $\Sigma_1 = \Sigma_2$, e tomando Σ^{-1} como a matriz inversa da matriz de covariância, a função quadrática de Fisher pode ser expressa como:

Equação 5.19

$$f(x) = (\mu_1 - \mu_2)'\Sigma^{-1}x - \frac{1}{2}(\mu_1 - \mu_2)'\Sigma^{-1}x(\mu_1 - \mu_2)$$

Vimos anteriormente que, se $\Sigma_1 \neq \Sigma_2$, teremos uma função do tipo quadrática. E esse resultado, segundo Johnson e Wichern (2007), poderá ficar muito estranho e gerar respostas "desagradáveis" quando se trabalha com duas dimensões ou mais. Isso possivelmente ocorrerá quando se tomam dados como não essencialmente normais ao se tratar da análise multivariada.

Na Figura 5.3, que traz exemplos de diferentes distribuições normais, enquanto no item (a) temos uma região quadrática R_1 para dois conjuntos desconexos, no item (b) temos uma "cauda" na distribuição, e essa "cauda" seria menor do que o que foi previsto nos cálculos da distribuição normal, levando a taxas de erros significativas. Nesse caso, podemos afirmar que existem pontos de sensibilidade (desvios de normalidade) na regra quadrática.

Figura 5.3 – Discriminantes quadráticas

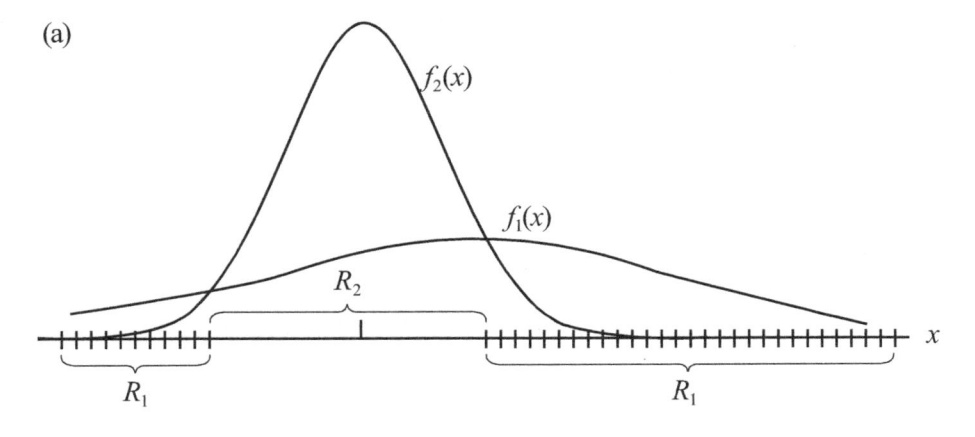

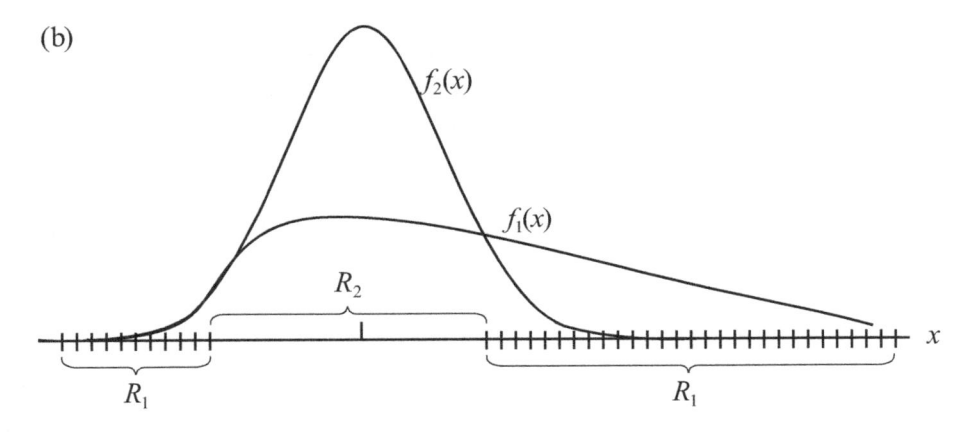

(a)

(b)

Fonte: Johnson; Wichern, 2002, p. 595.

Em (a) temos duas distribuições normais com variâncias desiguais; e em (b) temos duas distribuições, uma normal, outra não, em que essa regra não é apropriada.

O que se pode fazer então para analisar esses dados? Ou ainda, o que se pode fazer para que os dados sigam uma distribuição normal multvariada?

Existem duas possíveis respostas razoáveis. A primeira opção seria transformar os dados em "quase normais" (isso deve ser realizado antes dos testes!) e, após, testar a igualdade da matriz de covariância novamente para decidir se o mais apropriado seria utilizar a regra linear ou quadrática. A segunda opção seria analisar os modelos, linear e quadrático, e escolher aquele com menor erro de classificação. No caso de resultados semelhantes, escolhe-se o modelo linear, pois a matriz de covariância, nesse caso, é estimada com mais observações.

5.5 Análise de discriminante canônico

Segundo Fávero e Belfiore (2017), além das discriminantes linear e quadrática de Fisher, em 1956, a partir de combinações lineares das variáveis originais, ele elaborou outras funções discriminantes. Essas novas descobertas permitiram representar de modo conveniente as populações com dimensões menores (com certa perda de informação). Plotar as médias das combinações lineares principais, facilitando a observação das relações dos agrupamentos, é outra vantagem das descobertas. Por fim, podem ser indicados os possíveis *outliers* ao se construir gráficos de dispersão com os dois primeiros componentes. Mas devemos lembrar sempre que a principal ideia de Fisher ao descrever as discriminantes era separar as populações.

Com tal ideia em mente, podemos nos questionar: Essa análise pode ser utilizada para classificar as observações mesmo que a população tratada não seja normal multivariada?

Para responder, vamos supor que temos p v.a. (variáveis aleatórias), uma população g e discriminantes de covariância iguais, ou quase iguais, $\Sigma_1 = \Sigma_2 = \ldots = \Sigma_g = \Sigma$.

Se tivermos s combinações lineares do tipo $s \leq \min(g-1, p)$, chamaremos essas combinações de *funções discriminantes canônicas* e elas terão uma forma matricial $Y = e' X_{p \times 1}$ ou podem ser escritas como $y_s = e'_s x$. Assim, quando se refere à função da população, podemos escrever:

Equação 5.20

$$E(Y) = E(X \mid \varphi_1) = e'^{\varphi_i} = \varphi_{iY}$$

Além disso, ainda é possível escrever uma equação geral para toda a população que for levada em consideração por meio da função variância e ver que o valor esperado acaba se alterando quando é alterada a população:

Equação 5.21

$$Var(Y) = e'Cov(X)e = e' \Sigma e$$

Segundo Khattree e Naik (2000), quando se realiza esse processo e são obtidas novas variáveis, que são combinações lineares das originais, essas novas variáveis são consideradas canônicas. Então, podemos afirmar que a análise de discriminante canônica nada mais é do que a redução de dimensões de dados utilizando a ideia de componentes principais e a análise de correlação canônica. Porém, a análise de discriminante canônica é utilizada para representar várias populações em subgrupos de pequenas dimensões.

Ainda segundo Khattree e Naik (2000), geralmente há um número pequeno de variáveis canônicas e que descreve adequadamente diferentes populações, e para facilitar essa visualização é bastante comum a utilização de gráficos bidimensionais.

Para saber mais

Caso queira conhecer mais sobre as aplicações da análise de discriminante, veja as diferentes possibilidades nas sugestões de leitura a seguir:

BRITO, R. dos S. **Estudo de expansões assintóticas, avaliação numérica de momentos das distribuições beta generalizadas, aplicações em modelos de regressão e análise discriminante**. 103f. Dissertação (Mestrado em Biometria e Estatística Aplicada) – Universidade Federal Rural de Pernambuco, Recife, 2009. Disponível em: <http://www.ppgbea.ufrpe.br/sites/www.ppgbea.ufrpe.br/files/documentos/dissertacao_final_rejane_dos_santos_brito.pdf>. Acesso em: 10 jul. 2023.

LIBERATO, J. R. **Aplicações de técnicas de análise multivariada em fitopatologia**. 144 f. Dissertação (Mestrado em Fitopatologia) – Universidade Federal de Viçosa, Viçosa, 1995. Disponível em: <http://www.sbicafe.ufv.br/handle/123456789/41?show=full>. Acesso em: 10 jul. 2023.

MUYLDER, C. F. de et al. Principais aplicações de análise discriminante na área de marketing: uma pesquisa bibliométrica. **Revista Gestão & Tecnologia**, v. 12, n. 2, p. 217-242, 2012. Disponível em: <http://revistagt.fpl.emnuvens.com.br/get/article/view/396>. Acesso em: 10 jul. 2023.

SANTANA, F. B. de et al. Experimento didático de quimiometria para classificação de óleos vegetais comestíveis por espectroscopia no infravermelho médio combinado com análise discriminante por mínimos quadrados parciais: um tutorial, parte V. **Química Nova**, v. 43, p. 371-381, 2020. Disponível em: <https://www.scielo.br/j/qn/a/Bq7xdFNQ8dsKrxhPCbsHYPc/?lang=pt>. Acesso em: 10 jul. 2023.

VALDERRAMA, L. **Análise discriminante em química forense**: aplicações em documentoscopia. 43 f. Trabalho de Conclusão de Curso (Licenciatura em Química) – Universidade Tecnológica Federal do Paraná, Campo Mourão, 2015. Disponível em: <http://repositorio.utfpr.edu.br/jspui/handle/1/6139>. Acesso em: 10 jul. 2023.

Síntese

Neste capítulo, destacamos que a análise de discriminante é mais uma das técnicas de análise multivariada que pode ser utilizada quando se trabalha com **reconhecimentos de padrões**, que consiste em separar e classificar objetos ou variáveis. Analisamos as principais funções de classificação das variáveis e percebemos que, quando há necessidade de maximizar a separação dos grupos, permitindo que as novas observações possam ser classificadas dentro desses grupos, são utilizadas as funções linear ou quadrática de Fisher. Também demonstramos que, ao serem comparadas as funções linear e quadrática de Fisher, e no caso de resultados semelhantes, escolhe-se o modelo linear, pois a matriz de covariância, nesse caso, é estimada com mais observações. Finalmente, verificamos que, se houver s combinações lineares do tipo $s \leq \min(g - 1, p)$, essas combinações serão chamadas de *discriminantes canônicas*, a partir das quais se obtém, assim, a discriminante canônica de Fisher.

QUESTÕES PARA REVISÃO

1) Na técnica de análise multivariada denominada *análise de discriminante*, temos um número m de variáveis discriminantes e um número k de grupos. Sobre esse assunto, analise as alternativas e assinale a correta:

   a. O número total de indivíduos em grupo k poderá ser menor do que o número m de variáveis discriminantes.
   b. Não existe necessidade de predefinição dos grupos de classificação dos elementos amostrais k.
   c. Os grupos k são retirados de populações que seguem uma distribuição normal para suas p varáveis discriminantes.
   d. As matrizes de variância e covariância podem ser diferentes dentro de cada grupo k.
   e. Quando uma variável discriminante é combinação linear das outras variáveis, podemos aplicar normalmente a técnica da análise de discriminante.

2) Neste capítulo, abordamos ideias relacionadas à análise de discriminante. As variáveis utilizadas nessa técnica podem ser quantitativas ou qualitativas. Quais as duas principais funções da técnica apresentada?

3) Considere as afirmações sobre a análise de discriminante e assinale a alternativa **incorreta**:

   a. A análise de discriminante é uma técnica estatística indicada em situações em que se faz necessário verificar se um conjunto de variáveis independentes tem comportamento diferenciado entre dois grupos ou mais.
   b. A análise de discriminante estabelece quais variáveis são mais importantes para a distinção dos grupos.
   c. A análise de discriminante é uma técnica introduzida por Fisher em 1936.

d. Um dos objetivos da análise de discriminante é estabelecer procedimentos para classificar objetos dentro de um grupo.

e. Na análise de discriminante, só é possível utilizar variáveis independentes.

4) Sobre a análise discriminante, analise as afirmações a seguir e assinale com V para as verdadeiras e F para as falsas.

( ) Na análise de discriminante, é possível supor que, para determinar a função discriminante se faz necessário que haja normalidade multivariada das variáveis independentes.

( ) A análise de discriminante é uma técnica multivariada que permite classificar os objetos de um conjunto e, com base nela, é possível segmentar esse conjunto em *k* grupos homogêneos sem necessariamente se ter uma informação prévia da alocação dos objetos nos grupos.

( ) A análise de discriminante é uma técnica multivariada equivalente ao modelo de regressão linear múltiplo.

( ) Na análise de discriminante, é necessário que os grupos para os quais cada elemento pode ser classificado sejam predefinidos.

Agora, assinale a alternativa que apresenta a sequência obtida:

a. V, F, F, V.
b. V, V, F, V.
c. F, F, F, V.
d. F, F, F, F.
e. V, V, V, V.

5) Qual é a vantagem em se utilizar a correlação linear de Fisher em vez da quadrática?

Questões para reflexão

1) Na análise de discriminante, faz-se necessário primeiramente classificar ou selecionar as variáveis envolvidas. Cite dois exemplos de situações em que seria pertinente a utilização da análise de discriminante com variáveis dependentes e variáveis independentes.

2) Imagine que você tenha disponível cinco tipos de culturas: milho, soja, algodão, beterraba e trevos. Você precisa desenvolver funções discriminantes para que seja possível realizar a classificação dessas culturas a partir de dados de sensoriamento remoto. Quais poderiam ser as funções de classificação para esses produtos?

Conteúdos do capítulo
- Técnica multivariada conhecida como análise fatorial.
- Diferença entre análise fatorial e outras técnicas.
- Análise fatorial confirmatória e análise fatorial exploratória.
- Escores fatorais e o modelo ortogonal fatorial.
- Métodos de ajustes para o modelo fatorial.

Após o estudo deste capítulo você será capaz de:
1. diferenciar a técnica de análise fatorial de outras técnicas de análise multivariada.
2. diferenciar a análise fatorial confirmatória e exploratória;
3. identificar e escolher os escores fatoriais;
4. compreender o modelo ortogonal fatorial;
5. reconhecer os métodos de estimação;
6. verificar as formas e diferentes métodos de confirmação e ajuste do modelo fatorial.

6
Análise fatorial

Segundo Vicini (2005), Karl Person e Charles Spearman, nas décadas de 1930 e 1940, iniciaram estudos na área de medidas de inteligência que englobam a análise fatorial. Eles encontraram dificuldades nos cálculos que impediram o total desenvolvimento da área. Com o desenvolvimento da área computacional e o aumento da utilização dos métodos multivariados na área dos negócios na última década, tornou-se necessário o conhecimento da estrutura e das inter-relações de variáveis, aumentando proporcionalmente o desenvolvimento das técnicas de análise fatorial. Neste capítulo, vamos conhecer os aspectos fundamentais dessa técnica, que pode ser utilizada para examinar padrões e/ou relações de um grande número de informações, e como resposta dessa análise é possível determinar se essas informações são passíveis de ser condensadas ou resumidas em grupos menores ou facilitar tal análise.

O QUE É

Fator – Para a estatística, dentro da análise fatorial, trata-se da combinação linear da variável estatística das variáveis originais. Os fatores podem representar as dimensões latentes que explicam e resumem o conjunto original de variáveis. (Hair Junior et al., 2009)

Vamos acompanhar um exemplo para facilitar o entendimento?

Exemplificando

Se tivermos amostras de notas de testes das disciplinas de Língua Inglesa, Matemática, Música e Geografia, devemos procurar um fator fundamental, que, nesse caso, poderia ser "a inteligência", o que obviamente não é uma variável observável diretamente.

Se tomarmos as características de um alimento, como sabor e aroma, o que seria o fator fundamental? Poderia ser o "paladar", que, novamente, não é uma variável observável diretamente.

Assim, você poderia afirmar, após esses exemplos, que a análise de fatores ou análise fatorial é a descrição de um conjunto de variáveis em termos do menor número de fatores, o que facilita a compreensão do relacionamento dessas variáveis.

Spearman (1904) conseguiu chegar a essas ideias ao observar as correlações entre as notas de meninos de uma escola preparatória (Tabela 6.1). Nela, foram analisadas as notas dos meninos em algumas disciplinas: Clássicos, Francês, Inglês, Matemática, Discriminação de Tom e Música. Ele notou, então, que a matriz obtida com as notas tinha uma relação bastante interessante: quaisquer duas linhas eram praticamente proporcionais quando eram ignoradas as diagonais.

Tabela 6.1 – Correlações entre escores de testes para meninos em uma escola preparatória

	Classics.	French.	English.	Mathem.	Discrim.	Music.
Classics,	0,87	0,83	0,78	0,70	0,66	0,63
French,	0,83	0,84	0,67	0,67	0,65	0,57
English,	0,78	0,67	0,89	0,64	0,54	0,51
Mathem.,	0,70	0,67	0,64	0,88	0,45	0,51
Discrim.,	0,66	0,65	0,54	0,45		0,40
Music,	0,63	0,57	0,51	0,51	0,40	

Fonte: Spearman, 1904, p. 275.

Se observarmos as razões para as disciplinas de Clássicos e Inglês da Tabela 6.1, teremos: $]\dfrac{0,83}{0,67} \sim \dfrac{0,70}{0,64} \sim \dfrac{0,66}{0,54} \sim \dfrac{0,63}{0,51} \sim 1,2$.

E escrevendo uma relação geral para esse fato, chegamos à ideia de que:

Equação 6.1

$$X_n = a_n F + e_n$$

Nessa expressão, temos:

- $X_n \to$ enésimo escore após a padronização, com média zero e o mesmo desvio-padrão para todos os meninos;
- $F \to$ "fator" com média zero e o mesmo desvio-padrão para todos os meninos;
- $E_n \to$ parte de X_n que específica o enésimo teste;
- $a_n \to$ constante.

Além da escrita desse "termo geral", mostrando as razões constantes entre as linhas da matriz de correlação, provando que o método era eficaz, Spearman (1904) mostrou a relação entre as variâncias:

Equação 6.2

$$\text{Var}(X_n) = \text{Var}(a_n F + e_n)$$
$$= \text{Var}(a_n F) + \text{Var}(e_n)$$
$$= a_n^2 \text{Var}(F) + \text{Var}(e_n)$$
$$= a_n^2 + \text{Var}(e_n)$$

Lembrando que, pelo fato de a_n ser uma constante, podemos afirmar que F e e_n são independentes e, ainda mais, que F é unitária. Assim, podemos escrever:

Equação 6.3

$$1 = a_n^2 + \text{Var}(e_n)$$

Nesse caso, a constante a_n é chamada de *carga do fator*.

Com esse trabalho, pode-se demonstrar a teoria de dois fatores de testes mentais, e, de acordo com ela, podemos inferir que cada resultado do teste se subdivide em duas outras partes: a primeira, comum a todos os testes, que é também denominada *inteligência geral*, e a outra parte que é específica para o teste. E como isso ficaria matematicamente?

O modelo de análise fatorial geral pode ser escrito matematicamente como:

Equação 6.4

$$X_n = a_{n1} F_1 + a_{n2} F_2 + \ldots + a_{nm} F_m + e_n$$

E como também podemos trabalhar com as variâncias:

Equação 6.5

$$\text{Var}(X_n) = 1 = a_{n1}^2 \text{Var}(F_1) + a_{n2}^2 \text{Var}(F_2) + \ldots + a_{nm}^2 \text{Var}(F_m) + \text{Var}(e_n)$$
$$= a_{n1}^2 + a_{n2}^2 + \ldots + a_{nm}^2 + \text{Var}(e_n)$$

Nessa representação matemática, o termo $a_{n1}^2 + a_{n2}^2 + \ldots + a_{nm}^2$ é chamado de *comunalidade* (parte da variância que é relacionada aos fatores comuns) e a parte $\text{Var}(e_n)$ é chamada de *especificidade* (parte da variância que não é relacionada aos fatores comuns).

6.1 Conceitos e objetivos

Segundo Hair Junior et al. (2009, p. 102), a análise fatorial pode ser definida como: "Uma técnica de independência, cujo propósito principal é definir a estrutura inerente entre as variáveis na análise". Mas, dito isso, não parece uma definição um tanto quanto óbvia? Estamos trabalhando com esta ideia: estudo das relações entre várias variáveis. Então, como definir a análise fatorial de maneira mais específica?

Geralmente, a técnica de análise fatorial é colocada como uma das primeiras técnicas de análise multivariada a ser estudada, pois, de uma forma bastante genérica, podemos afirmar que é ela que fornece as "ferramentas" para o estudo das estruturas e inter-relações de um grande número de variáveis. E daí vem seu nome, pois são encontrados **fatores**, que nada mais são do que o conjunto de fatores a serem observados. Assim, em problemas que envolvem um grande número de variáveis, são necessários certos parâmetros para que possam ser descritas essas informações. Além disso, quando há variáveis que estão fortemente relacionadas, faz-se necessário saber agrupá-las de modo que elas estejam em grupos distintos, ou seja, que tenham correlações fracas. E essa é a base da análise fatorial, descrever essas covariâncias e estabelecer, com o menor número de variáveis possíveis, os fatores ou variáveis.

Vamos ver um exemplo.

Exemplificando

Suponha que seja realizada uma pesquisa simples, com consumidores de determinado produto, um sanduíche, por exemplo. Foram solicitadas notas para aspectos como preço, aroma, sabor, valor nutricional e rapidez na execução do lanche. As respostas foram notas de 0 a 10, posteriormente tabuladas em uma matriz S:

$$S = \begin{bmatrix} 1,43 & 0,03 & 1,38 & 1,05 & 0,01 \\ 0,03 & 1,43 & 0,18 & 1,01 & 1,21 \\ 1,38 & 0,18 & 1,43 & 0,71 & 0,16 \\ 1,05 & 1,01 & 0,71 & 1,43 & 1,13 \\ 0,01 & 1,21 & 0,16 & 1,13 & 1,43 \end{bmatrix}$$

Percebe que não é simples distinguir, levando em conta as correlações, os grupos dessa matriz?

Tais fatores intercorrelacionados são considerados representantes de dimensões dentro dos dados. A seguir, veremos formas de representar esses grupos para serem utilizados em outras técnicas de análise multivariada.

Já para Gontijo e Aguirre (1988) são objetivos finais da análise fatorial o fato de se poder unir um grande número de grupos, separar variáveis e resumir o material, separar também os fatores para que haja padrões e relações entre as variáveis, além de facilitar a interpretação desses padrões.

Veja, na Figura 6.1, um diagrama de decisão em análise fatorial.

Figura 6.1 – Primeiros estágios de decisão na análise fatorial em forma de diagrama

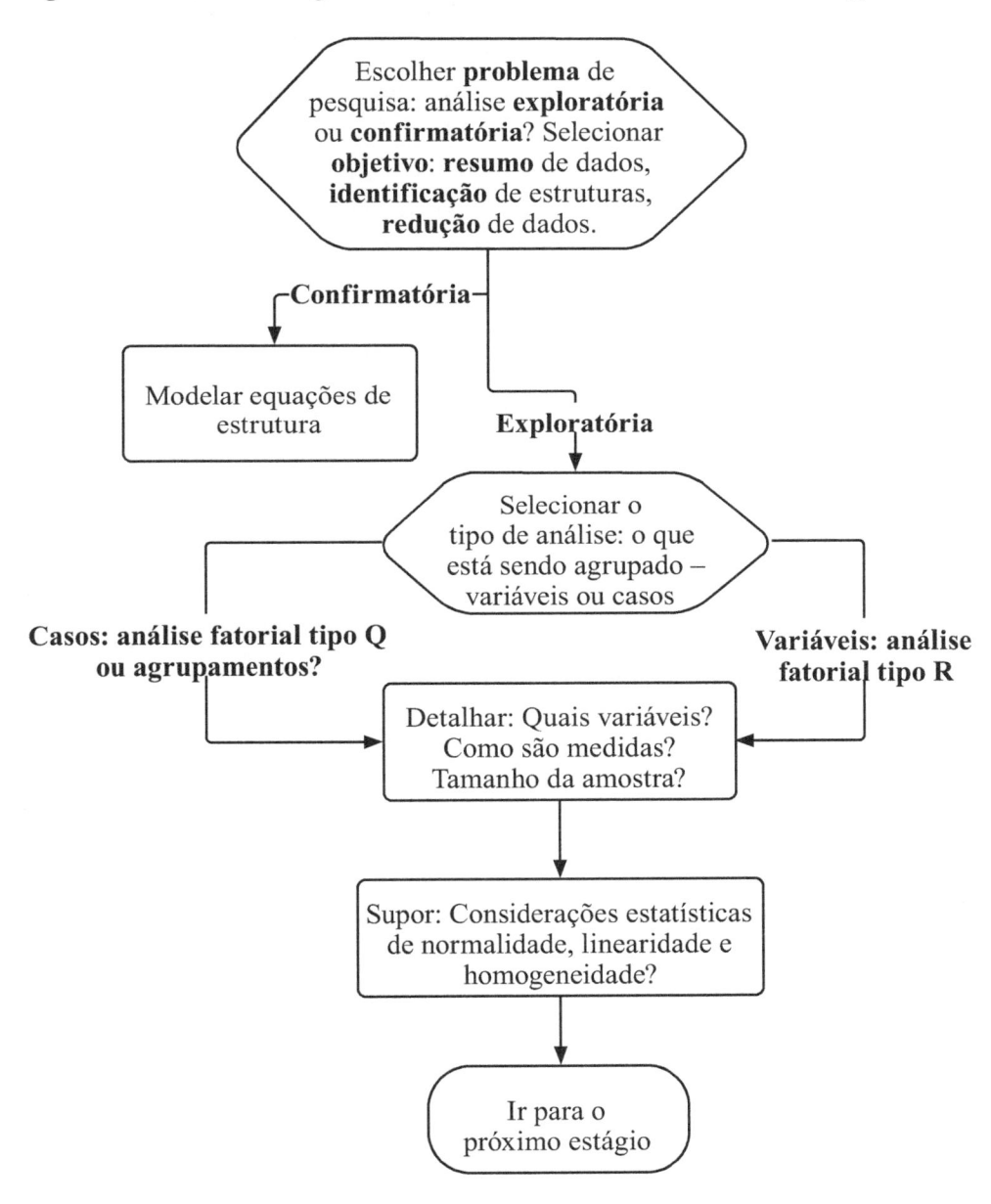

```
            Escolher problema de
            pesquisa: análise exploratória
            ou confirmatória? Selecionar
            objetivo: resumo de dados,
            identificação de estruturas,
            redução de dados.

        ┌─Confirmatória─┐
        ▼
  Modelar equações de
       estrutura              Exploratória
                                   ▼
                        Selecionar o
                        tipo de análise: o que
                        está sendo agrupado –
                        variáveis ou casos

Casos: análise fatorial tipo Q              Variáveis: análise
    ou agrupamentos?                         fatorial tipo R
                        Detalhar: Quais variáveis?
                        Como são medidas?
                        Tamanho da amostra?

                        Supor: Considerações estatísticas
                        de normalidade, linearidade e
                        homogeneidade?

                              Ir para o
                           próximo estágio
```

6.2 Tipos de fatores: escolha do número de fatores

Para poder utilizar o método de análise fatorial, é importante que o analista saiba como identificar e escolher os fatores para análise. Também é possível utilizar a expressão *extração dos fatores*, pensando em estimar a matriz dos pesos fatoriais e a matriz das variâncias específicas.

Vamos nos ater, neste momento, a saber escolher o número de fatores, que é um dos passos mais importantes na análise fatorial. Primeiramente, devemos saber que, se há *m* primeiras componentes principais e *p* variáveis, é desejável que haja m < p fatores, pois, caso se tenha o contrário, pode-se não conseguir diminuir o número de variáveis, objetivo principal dessa técnica.

Agora, vamos ver alguns critérios utilizados para conseguir essa escolha, sempre nos baseando em valores próprios λ_j, com j = 1, 2, ..., p, e a matriz de covariância Σ; e em casos especiais, a matriz de correlações C.

> **O QUE É**
>
> Matriz de correlação – Uma tabela que informa as intercorrelações entre as variáveis utilizadas no problema.

6.2.1 Critério de porcentagem de variância total

Se tivermos uma variância da j-ésima componente principal, sabemos que ela terá valor igual ao j-ésimo valor próprio da Σ, logo, a porcentagem de variância total dependerá das primeiras componentes. Sabendo também que m ≤ p e que esta depende de seus autovalores λ, teremos:

Equação 6.6

$$\frac{\lambda_1 + \lambda_2 + ... + \lambda_m}{\lambda_1 + \lambda_2 + ... + \lambda_p} \cdot 100\%$$

O número de fatores, então, é considerado igual ao número de valores próprios. Além disso, é necessário ter em mente que uma porcentagem total considerada boa gira em torno de 85%.

6.2.2 Critério de Kaiser

Segundo Sartorio (2008), esse critério foi desenvolvido por Kaiser em 1958 e considera que o número de fatores deve ser igual ao número de valores próprios ou, ainda, iguais à média aritmética dos p valores próprios. Nesse caso, a média é igual a, quando utilizada na matriz de correlações.

6.2.3 *Scree Plot*

Um *Scree Plot* (roteiro) é um tipo de gráfico de linhas, que representa, na análise multivariada, os autovalores de vetores ou das componentes principais que estão sendo analisadas. Nesse tipo de gráfico, normalmente os dados mais relevantes estão em pontos próximos ao "cotovelo" que surge em sua linearidade.

Para os *Scree Plots* sempre se utiliza um gráfico que representa os pontos (j, l_j). Veja o exemplo no Gráfico 6.1, a seguir.

Gráfico 6.1 – *Scree Plot* m × m_1 para 1 componente ou fator.

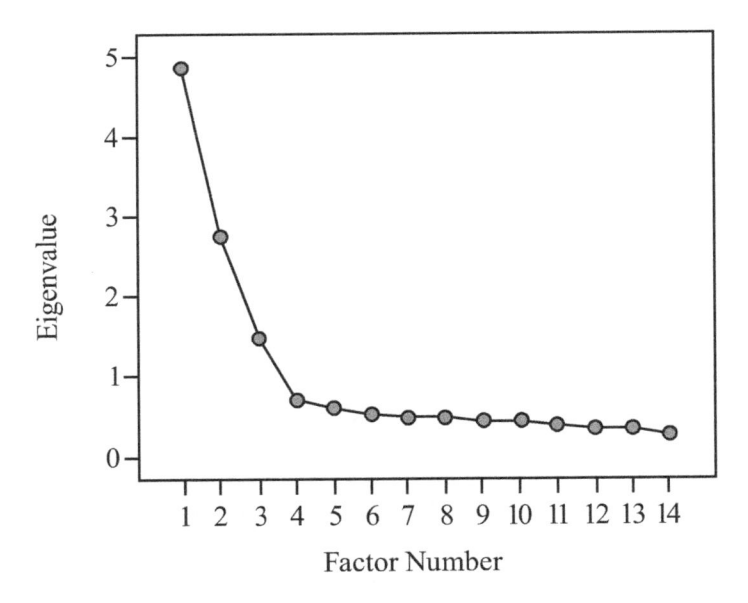

Fonte: Stack Exchange, 2023.

Podemos perceber que, nesse tipo de gráfico (do termo em inglês *Factor Number versus Eigenvaluen* – Fator numérico *versus* Autovalor), há sempre uma linha poligonal que tem um decréscimo rápido, principalmente nos primeiros fatores. Esses primeiros fatores realmente são os pontos de maior importância para a análise, pois explicam a maior parte da variância total. Assim, os fatores obtidos quando a variação entre os fatores consecutivos é pequena passam a ser pequenos também. No nosso exemplo do Gráfico 6.1, só serão considerados quatro fatores, que aparecem antes do "cotovelo".

6.2.4 Escores fatoriais

Apesar de os escores fatoriais não constituírem um método usual para estimar parâmetros, muitas vezes um fator não é uma variável observável, que pode ser obtida a partir de um conjunto de variáveis observáveis. Então, é possível utilizar a ideia de que um indivíduo pode ter um **escore** para cada um dos fatores. Sendo assim, um escore do tipo f_{ij} pode ser tomado como uma estimativa de F_{ij}, com $i = 1, 2, \ldots, m$ e $j = 1, 2, \ldots, n$.

Como já foi comentado, esse não é um método usual, pois não fornece estimativas do valor observado, e o problema se torna ainda mais visível quando, ao utilizar esse método, houver um $m > p$. Assim, para dar continuidade na obtenção de escores, é necessário que o analista considere estimativas de Λ e ψ (que são a matriz de pesos frontais e a matriz das variâncias específicas, respectivamente), para obter os valores verdadeiros das matrizes.

Como os escores são utilizados com frequência para análises e diagnósticos, falaremos aqui de dois métodos para contornar esses problemas: o método dos mínimos quadrados ponderados e o método de regressão.

O primeiro deles é o **método dos mínimos quadrados** (ponderados).

Vamos relembrar que o modelo fatorial pode ser escrito na forma matricial:

Equação 6.7

$$X - \mu = \Lambda F + \varepsilon$$

Nessa expressão, temos fatores específicos do tipo $\varepsilon^T = [\varepsilon_1, \varepsilon_2, \ldots, \varepsilon_p]$ como erros. As variâncias específicas (não necessariamente iguais) são dadas por $V(\varepsilon_i) = \psi_i, i = 1, 2, \ldots, p$, e, finalmente, os erros, quando normalizados, são escritos na forma $\frac{\varepsilon_i}{\sqrt{\psi_i}}$ com $i = 1, 2, \ldots, p$.

Agora, com essas considerações, podemos escrever uma função para a soma dos quadrados dos erros referente ao vetor f, com dimensão m:

Equação 6.8

$$\sum_{i=1}^{p} \frac{\varepsilon_i^2}{\psi_i} = \int^T \psi^{-1} \int = (x - \mu - \Lambda f)^T \psi^{-1} (x - \mu - \Lambda f)$$

Quando minimizamos o problema, temos:

Equação 6.9

$$f = \left(\Lambda^T \psi^{-1} \Lambda\right)^{-1} \Lambda^T \psi^{-1}(x-\mu)$$

Assim, considerando os valores de Λ e ψ obtidos para as matrizes, passaremos a chamá-las de Λ^* e ψ^*. Também vamos considerar como verdadeiro o valor μ, obtido a partir da média da amostra $(\bar{x})$. Mais uma coisa a ser considerada neste momento é que F e ε são normalizados. Agora, podemos escrever os escores fatoriais para o *j*-ésimo indivíduo de *m* componentes vetoriais desta forma:

Equação 6.10

$$f_j^* = \left(\Lambda^{*T}(\psi^*)^{-1}\Lambda^*\right)^{-1} \Lambda^{*T}(\psi^*)^{-1}\left(x_j - \bar{x}\right)$$

O segundo método, o **método da regressão**, surge a partir dos modelos fatoriais originais, em que Λ e ψ são conhecidos. Observe a equação a seguir:

Equação 6.11

$$X - \mu = \Lambda F + \varepsilon$$

Já F e ε têm uma distribuição do tipo normal.

Os coeficientes de uma regressão multivariada dos fatores que vêm das variáveis originais podem nos dar estimativas de coeficientes, produzindo o que chamamos de *escores fatoriais*. Eles também podem ser comparados com estimativas de máxima verossimilhança, que fornecerão escores iguais ou muito aproximados.

Exercício resolvido

Para este exercício, será utilizado o método dos componentes principais para estimar os pesos fatoriais e, depois, utilizando o critério da porcentagem da variância total, será estabelecido o número de fatores.

Suponha que em determinado curso existam três disciplinas obrigatórias, denominadas aqui de D_1, D_2 e D_3. Chamaremos de X_i a classificação que cada aluno obteve nessas disciplinas (D_i e i = 1, 2, 3). Foram então registrados os resultados de 5 alunos para cada uma dessas três disciplinas (em escalas de 1 a 20, cada nota) e obteve-se o seguinte quadro:

	1	2	3	4	5
X_1	6	14	19	7	18
X_2	12	8	17	16	13
X_3	10	8	18	15	11

A matriz de correlação obtida então seria (caso não lembre como obtê-la, veja o Exercício Resolvido do Capítulo 4):

$$R = \begin{bmatrix} 1 & 0,095 & 0,239 \\ 0,095 & 1 & 0,949 \\ 0,239 & 0,949 & 1 \end{bmatrix}$$

Com esses dados em mãos, pode-se estimar a matriz de pesos fatoriais Λ, utilizando o método dos componentes principais. Dados que os valores próprios da matriz R são $l_1 = 2,0032$, $l_2 = 0,9576$ e $l_3 = 0,0391$ e que os vetores próprios normalizados são:

$$q_1 = [0,2238\ 0,6809\ 0,6974]^T$$

$$q_2 = [0,9570 - 0,2397 - 0,0861]^T$$

$$q_3 = [0,1160\ 0,6921 - 0,7124]^T$$

Podemos calcular o vetor das variáveis por meio da relação $Z = [Z_1 Z_2 ... Z_3]^T$ e ficaremos com:

$$Y_1^* = q_1^T Z = 0,2238 Z_1 + 0,6809 Z_2 + 0,6974 Z_3$$

$$Y_2^* = q_2^T Z = 0,9570 Z_1 - 0,2397 Z_2 - 0,0861 Z_3$$

$$Y_3^* = q_3^T Z = 0,1160 Z_1 + 0,6921 Z_2 - 0,7124 Z_3$$

E as porcentagens de variância total serão dadas por:

$$\frac{l_1}{l_1 + l_2 + l_3} \cdot 100\% = 66,77\%$$

$$\frac{l_2}{l_1 + l_2 + l_3} \cdot 100\% = 31,92\%$$

$$\frac{l_3}{l_1 + l_2 + l_3} \cdot 100\% = 1,3\%$$

A porcentagem da variância total é dada pela soma das duas primeiras componentes principais (98,69%), e, assim, elas podem ser substituídas por Y_1 e Y_2 sem que haja perda significativa de informações.

6.2.5 Rotação de fatores

Uma das ferramentas mais importantes para que seja possível interpretar corretamente a questão dos fatores é a rotação fatorial. Aqui, os eixos referenciais dos fatores são rotacionados em torno da origem até outra posição.

Os métodos rotacionais ortogonais envolvem simplificação de linhas e colunas da matriz, facilitando assim sua interpretação. Temos três métodos mais utilizados nesse caso: (1) quartimax; (2) varimax; (3) equimax.

Para Hair Junior et.al (2009), o quartimax busca simplificar as linhas da matriz. Para isso, ele rotaciona o fator inicial de tal modo que uma das variáveis tenha uma carga muito alta e um fator de cargas muito baixo. Veja o Gráfico 6.2, a seguir.

Gráfico 6.2 – Rotação fatorial ortogonal – quartimax

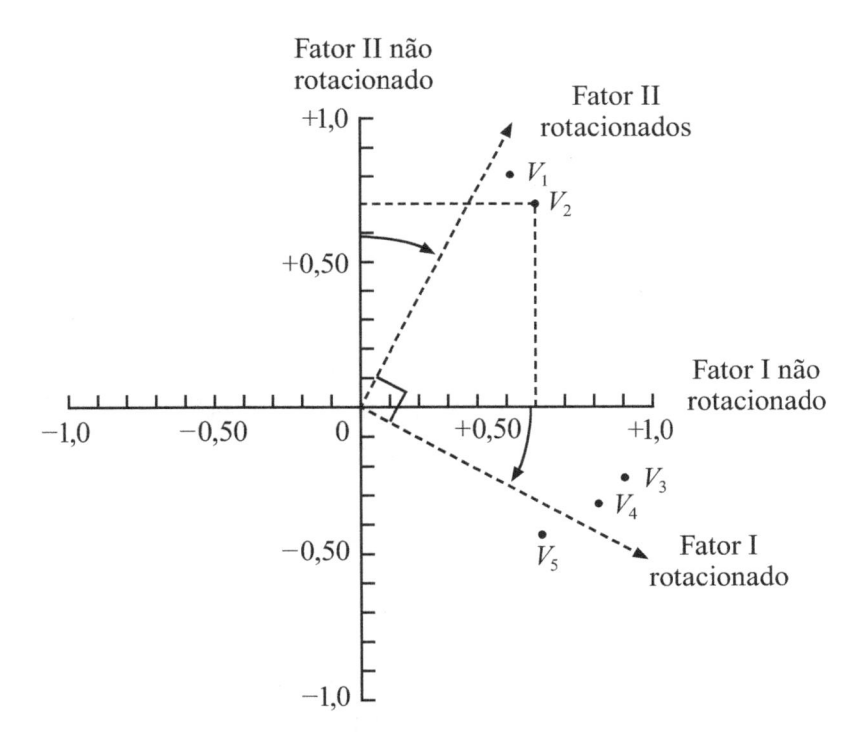

Fonte: Hair Junior et. al., 2009, p. 118.

O varimax, segundo Hair Junior et al. (2009), busca a simplificação das colunas da matriz fatorial. Essa simplificação é considerada máxima quando houver apenas valores "uns" e "zeros" em determinada coluna. Assim, temos uma minimização das variâncias de cargas da matriz fatorial. Aqui temos uma tendência de cargas bastante altas (próximas de –1 ou + 1), assim como cargas próximas de zero em cada coluna da matriz. Veja o Gráfico 6.3, a seguir.

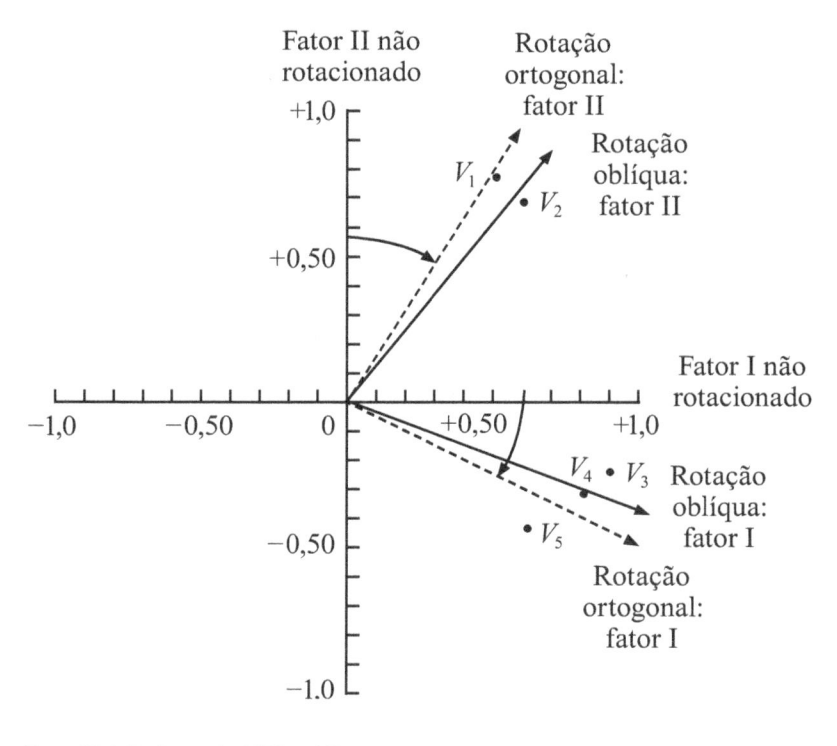

Gráfico 6.3 – Rotação fatorial oblíqua – varimax

[Gráfico: Rotação fatorial oblíqua – varimax, mostrando eixos Fator I e Fator II não rotacionados, com rotações ortogonal e oblíqua, e pontos V_1, V_2, V_3, V_4, V_5.]

Fonte: Hair Junior et al., 2009, p. 118.

Ainda segundo Hair Junior et al. (2009), o equimax é um método fica no meio termo entre o quartimax e o varimax. Ele se concentra em simplificar linhas e colunas, por isso mesmo é um método de pouca aceitação. O equimax tenta agregar poucas informações no menor número de variáveis, o que tem como resultado mais aglomerados de fatores que podem ser interpretados e acabam por causar mais erros do que facilitar a interpretação.

6.3 Modelo fatorial ortogonal

Se tomarmos variáveis aleatórias (v.a.) observáveis $\underline{X}$, com n componentes, temos então $\underline{X} \sim (\underline{\mu}, \Sigma)$. Quando estudamos o modelo fatorial, o postulado nos diz que $\underline{X}$ é linearmente independente sobre v.a. não observáveis, chamadas de *fatores comuns* (F_1, F_2, ..., F_m). As v.a. do tipo $\underline{X}$, ainda se relacionam com fontes p de variações aditivas (ε_1, ε_2, ..., ε_m) que são considerados os **fatores específicos** (chamados também de *erros*).

Assim, temos:

Equação 6.12

$$X_1 - \mu_1 = l_{11}F_1 + l_{12}F_2 + \ldots + l_{1m}F_m + \varepsilon_1$$
$$X_2 - \mu_2 = l_{21}F_1 + l_{22}F_2 + \ldots + l_{2m}F_m + \varepsilon_2$$
$$\ldots\ldots\ldots\ldots\ldots\ldots\ldots\ldots\ldots\ldots\ldots\ldots\ldots\ldots\ldots\ldots$$
$$X_i - \mu_i = l_{i1}F_1 + l_{i2}F_2 + \ldots + l_{im}F_m + \varepsilon_i$$
$$\ldots\ldots\ldots\ldots\ldots\ldots\ldots\ldots\ldots\ldots\ldots\ldots\ldots\ldots\ldots\ldots$$
$$X_p - \mu_p = l_{p1}F_1 + l_{p2}F_2 + \ldots + l_{pm}F_m + \varepsilon_p$$

Ou, ainda, utilizando a notação matricial:

Equação 6.13

$$\underset{p\times 1}{\underline{X} - \underline{\mu}} = \underset{p\times m}{L} \underset{m\times 1}{\underline{F}} + \underset{p\times 1}{\underline{\varepsilon}}$$

Nessa expressão, temos:

- $\underset{p\times m}{L}$ é a matriz de carregamento dos fatores;
- l_{ij} é o peso ou carregamento na i-ésima variável do j-ésimo fator;
- ε_i é o fator específico ou erro associado com a i-ésima resposta de X_i.

Outra forma de representar o modelo fatorial ortogonal é graficamente. Observe a Figura 6.2, a seguir.

Figura 6.2 – Exemplo de modelo de três variáveis observáveis com dois fatores

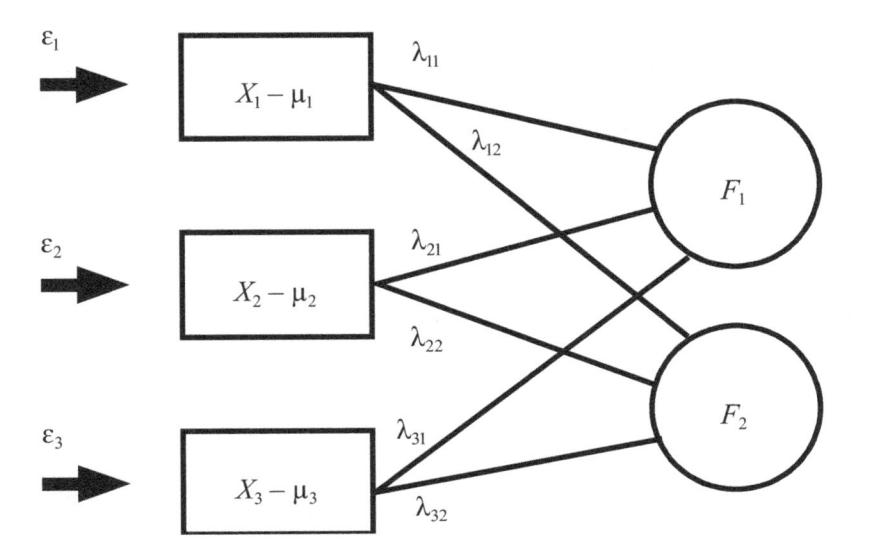

Assim, podemos afirmar que os desvios $X_1 - \mu_1, X_2 - \mu_2, \ldots, X_p - \mu_p$ podem ser escritos na forma p + mA (de variáveis aleatórias), e dependentes de $F_1, F_2, \ldots, F_n$ e $\varepsilon_1, \varepsilon_2, \ldots, \varepsilon_m$ (de variáveis não observáveis).

E é nesse ponto que podemos distinguir os modelos de análise fatorial e de regressão multivariada, pois, nesse último caso, as variáveis independentes F_n são observáveis.

Agora assumimos que:

Equação 6.14

$$E(\underline{F}) = \underset{m \times 1}{\underline{0}}$$

$$\text{Cov}(\underline{F}) = E(\underline{FF}') = I_m$$

$$E(\underline{\varepsilon}) = \underset{p \times 1}{\underline{0}}$$

Colocando na matriz de covariância, teremos:

Equação 6.15

$$\text{Cov}(\underline{\varepsilon}) = E(\underline{\varepsilon \varepsilon}') = \underset{p \times p}{\Psi} = \begin{bmatrix} \Psi_1 & 0 & 0 & \ldots & 0 \\ 0 & \Psi_2 & 0 & \ldots & 0 \\ 0 & 0 & \Psi_3 & \ldots & 0 \\ \ldots & \ldots & \ldots & \ldots & \ldots \\ 0 & 0 & 0 & \ldots & \Psi_p \end{bmatrix}$$

Lembrando que $\underline{F}$ e $\underline{\varepsilon}$ são independentes, teremos:

Equação 6.16

$$\text{Cov}(\underline{\varepsilon}, \underline{F}) = E(\underline{\varepsilon}, \underline{F}') = \underset{p \times p}{\underline{0}}$$

Lembrando que m = p, escrevemos:

Equação 6.17

$$\underline{X} - \underset{p \times 1}{\underline{\mu}} = \underset{p \times m}{L} \underset{m \times 1}{\underline{F}} + \underset{p \times 1}{\underline{\varepsilon}}$$

Essa expressão nada mais é do que o modelo fatorial ortogonal; e podemos, então, isolando $\underline{X}$, escrever:

Equação 6.18

$$\underset{px1}{X} = \underset{px1}{\mu} + \underset{pxm}{L}\underset{mx1}{F} + \underset{px1}{\varepsilon}$$

6.4 Métodos de estimação

Como foi possível perceber anteriormente, o principal objetivo da análise fatorial é sempre obter estimativas para suas cargas, representadas pela matriz $\hat{\Lambda}$ com suas variâncias específicas $\hat{\Psi}$.

Tais estimativas são determinadas quando tomamos a matriz X, relacionada às observações, e a partir dela calculamos a matriz de covariância S para estimar as somas ou a utilizamos como matriz de correlação. Teremos, então, matematicamente:

Equação 6.19

$$S = \hat{\Lambda}\hat{\Lambda}' + \hat{\Psi}$$

Existem diversos métodos de fatoração que podem ser empregados para resolver a equação de S; nas subseções a seguir, veremos os dois principais.

6.4.1 Método das componentes principais

Para podermos encontrar matrizes U, dos autovetores, e D, a matriz diagonal dos autovalores associados, vamos relacionar esses dados à matriz S da seguinte forma:

Equação 6.20

$$SU = UD$$

Ou ainda:

Equação 6.21

$$S = UDU'$$

Como sabemos que a matriz S é simétrica, positiva e semidefinida, podemos afirmar que U será uma matriz ortogonal, e seus autovalores serão números reais não negativos na forma $d_1 \geq d_2 \geq \ldots \geq d_p \geq 0$. E a matriz de fatores de carga será dada por:

Equação 6.22

$$\hat{\Lambda} = U\sqrt{D} = \left[\sqrt{d_1}u_1 \sqrt{d_2}u_2 \ldots \sqrt{d_p}u_p\right]$$

Assim, a identidade acaba por ser satisfeita:

Equação 6.23

$$S = \hat{\Lambda}\hat{\Lambda}$$

A identidade se ajusta à representação (Equação 6.23), com o número de fatores iguais ao número de variáveis (m = p), e as variâncias específicas serão nulas ($\Psi = 0$).

Essa representação (Equação 6.23), apesar de exata, na prática, não é útil, pelo fato de o número de fatores em comum ser grande, o que não permite muita variação nos fatores específicos (ε). Assim, quando possível, deve ser aplicado um modelo que explique a covariância dos termos em poucos fatores, ou seja, (m < p). Assim, quando se chegam aos autovalores p – m, eles serão baixos, e sua contribuição pode ser representada como:

Equação 6.24

$$\sum_{j=m+1}^{p} d_j u_j u_j$$

Para a soma, serão atribuídos apenas os fatores específicos, logo, apenas os *m* primeiros termos realmente irão contribuir para os fatores comuns, o que faz com que a matriz dos fatores de carga seja dada por:

Equação 6.25

$$\hat{\Lambda} = \left[\sqrt{d_1}u_1 \sqrt{d_2}u_2 \ldots \sqrt{d_m}u_m\right]$$

E agora podemos escrever as partes comuns e as variâncias específicas como:

Equação 6.26

$$\begin{cases} \hat{h}_i^2 = \sum_{j=i}^{k}\hat{\lambda}_{ij}^2 \\ \hat{\Psi}_i = S_{ii} - \hat{h}_i^2 \end{cases}$$

Como havíamos definido que m < p, os elementos diagonais da matriz S serão exatamente iguais aos elementos de $\hat{\Lambda}\hat{\Lambda}' + \hat{\Psi}$. E quando se trata dos elementos fora da diagonal principal? Eles serão aproximadamente iguais também. E assim podemos provar que a soma dos quadrados dos dados de entrada, representados por $S - (\hat{\Lambda}\hat{\Lambda}' + \hat{\Psi}_1)$, será menor ou, no máximo, igual à soma dos quadrados de $\lambda_{m+1}^2 + \ldots + \lambda_p^2$.

Isso demonstra que, se os valores dos autovetores *m* forem elevados ao quadrado, a soma dos quadrados dos autovetores que deixaremos de lado serão valores insignificantes, os quais podem ser desconsiderados em nosso cálculo.

Para finalizar, como temos nossa variância total, $(\text{tr}(S) = \sum d_i)$, teremos uma contribuição proporcional relativa ao fator *j*, e esta será dada por:

Equação 6.27

$$S = \frac{d_j}{\sum_{i=1}^{p} d_i}$$

6.4.2 Método da máxima verossimilhança

Para o método da máxima verossimilhança, vamos iniciar supondo que $x = [x_i]$ tem uma distribuição normal multivariada e, depois, vamos escrever a função densidade de probabilidade como:

Equação 6.28

$$f(x) = \frac{1}{(2\pi)^{p/2} |\Sigma|^{1/2}} \exp\left[-\frac{1}{2}(x-\mu)' \Sigma^{-1} (x-\mu)\right]$$

Além disso, vamos precisar supor também que, para uma amostra em que há *n* observações independentes do tipo x_i com i = 1, ..., n, teremos uma matriz X das *n* observações e dados já anteriormente centrados. Tudo isso para facilitar nossa notação. Agora, então, a função de máxima verossimilhança será dada por:

Equação 6.29

$$L(X \mid \Lambda, \Psi) = \prod_{i=1}^{n} f(X_i) = (2\pi)^{-np/2} |\Sigma|^{-n/2} \exp\left(-\frac{1}{2}\sum_{i=1}^{n} X_i' \Sigma^{-1} X_i\right)$$

Para eliminar o fator exponencial do lado direito da fórmula, aplicaremos o logaritmo em ambos os lados, e teremos então:

Equação 6.30

$$l(X \mid \Lambda, \Psi) = -\frac{np}{2}\log(2\pi) - \frac{n}{2}\log|\Sigma| - \frac{n}{2}\text{tr}(S\Sigma^{-1})$$

Então, vamos analisar qual valor de L é necessário para maximizar l, e chegaremos à conclusão de que esses valores são diretamente proporcionais. Assim, podemos escrever que esse valor de maximização será:

Equação 6.31

$$F = \log|\Sigma| + \text{tr}(S\Sigma^{-1})$$

E, se for necessário calcular sua derivada sobre a Equação 6.31, para aplicar na maximização, teremos:

Equação 6.32

$$dF = \text{tr}\left[\Sigma^{-1}(\Sigma - S)\Sigma^{-1}d\Sigma\right]$$

Caso seja necessário escrever em função de Λ, teremos:

Equação 6.33

$$d\Sigma = d\Lambda \cdot \Lambda' + \Lambda \cdot d\Lambda$$

Agora, para provar que temos uma resultante nula, como comentado no início, vamos substituir os dados na Equação 6.32 e, depois, aplicar a diferencial em relação a ψ:

Equação 6.34

$$dF - \text{tr}\left[2\Lambda'^{\Sigma^{-1}}(\Sigma - S)\Sigma^{-1}d\Lambda\right]$$

Essa equação simplificada fica assim:

Equação 6.35

$$d\Sigma = d\Psi$$

Lembrando que Ψ é uma diagonal, teremos:

Equação 6.36

$$\frac{\partial F}{\partial \Psi} = \text{diag}\left[\Sigma^{-1}(\Sigma - S)\Sigma^{-1}\right] = 0$$

Assim, se o analista estiver trabalhando com um sistema linear das últimas duas equações, ele não terá uma solução direta, e a solução deverá ser interativa, ou seja, utilizando-se da matemática computacional, é criado um procedimento que gera sequências de soluções aproximadas que, a cada iteração, resolvem o problema com base nos critérios preestabelecidos.

Após a análise, podemos perceber que:

- partimos de uma solução inicial que não era nula nem para $\hat{\Lambda}$ nem para $\hat{\Psi}$ e que foi obtida pelo método de componentes principais;
- depois foi necessário recalcular as matrizes $\hat{\Lambda}$ e $\hat{\Psi}$ para se obter precisão numérica preestabelecida.

Como conclusão, podemos pensar que o método interativo fez com que a variância estimada se aproximasse da variância amostral.

6.5 Teste para verificação do ajuste do modelo fatorial

Para contornar os possíveis problemas no modelo de análise fatorial, veremos agora o modelo de Análise Fatorial Confirmatória (AFC). Primeiramente, é necessário especificar um modelo. Nesse estágio, o analista deve identificar estatisticamente o modelo a ser utilizado e avaliar todos os possíveis pressupostos desse modelo.

Segundo Harrington (2009), os indicadores de fatores, que são do tipo latente e provêm dos coeficientes de regressão, são chamados de *cargas fatoriais*.

O QUE É

Carga fatorial – Correlação entre as variáveis originais e os seus fatores, fornecendo o entendimento para certo fator particular.

León (2011) afirma que pesquisadores, pela necessidade dos comumente chamados *goodness of fit*, ou índices de boa qualidade de ajuste, buscaram contornar as limitações encontradas no método de análise fatorial. Para tanto, é necessário relembrar que uma das principais características dos modelos que envolvem equações chamadas *estruturais* é que elas se subdividem em dois modelos: o modelo de medida e o próprio modelo estrutural em si.

Em sua maioria, a pesquisa aplicada nesse campo trata dos modelos de medida (Brown, 2006), ou seja, adota-se comumente o modelo ou procedimento analítico nos testes de avaliação ou validação.

A AFC é tratada, então, como um caso especial de Modelo de Equações Estruturais (MEE), o qual é utilizado para estimar a confiabilidade da escala de teste, após exame da estrutura latente. Assim, a AFC pode ser utilizada para verificar o número de fatores do instrumento e o padrão de cargas fatoriais. Nesse modelo, são necessários pelo menos três itens por fator para que o resultado seja confiável e, ainda, pelo menos quatro itens por fator para que ele possa ser testado. Não podemos esquecer que, na AFC, assim como em outros métodos, é necessário supor que exista normalidade multivariada, a amostra deve ter n > 200 itens, e essa amostragem deve ser aleatória.

Na AFC, é possível ter cargas fatoriais estimadas que aparecem na forma não padronizada, ou seja, elas podem reter informações de escalas variáveis e, portanto, só podem ser interpretadas quando são comparadas às escalas originais. Quando há cargas fatoriais padronizadas, há também correlações entre variável inicial e sua variável latente. O valor das cargas fatoriais padronizadas deverá ser maior do que 0,70 para ser considerado ideal. Já valores maiores de 0,40 são considerados aceitáveis caso a variável inicial se manifeste em apenas uma variável latente.

Podemos calcular essa padronização utilizando:

Equação 6.37

$$z(FL_{ij}) = FL_{ij} \cdot \frac{\sqrt{\sigma(LV_j)}}{\sqrt{\sigma(MV_i)}}$$

Nessa expressão, temos:

- $z(FL_{ij})$ são as cargas fatoriais padronizadas da variável inicial (i) e da variável latente (j);
- FL_{ij} são as cargas fatoriais não padronizadas da variável inicial (i) e da variável latente (j);
- $\sigma(LV_j)$ é a variância variável latente (j);
- $\sigma(MV_i)$ é a variância da variável inicial (i).

Assim, para se obter a carga fatorial padronizada, é necessário cálcular o quadrado dessa carga – $\left[z(FL_{ij})\right]^2$ – e esse resultado é a representação percentual da variância da variável inicial, explicada pela sua variável latente.

Caso o valor da carga fatorial padronizada tenha como resultado um valor maior do que 1, tem-se um modelo chamado *inválido*, pois, nesse caso, os valores de correlação também serão maiores do que 1, e esse modelo precisa ser remodelado. Esses casos são chamados de *casos de Heywood* (modelo estudado por H. B. Heywood e publicado pela primeira vez no ano de 1931). Segundo Hair Junior et al. (2009), casos desse tipo produzem estimativas de variância com erros menores do que 0 e, por muitas vezes, geram soluções impróprias.

Já quando se trata da identificação do modelo a ser utilizado, trabalha-se com os parâmetros de modelo. Para tanto, o analista utilizará a regra ou o teste t-Student, que indica que o modelo é do tipo identificado, ou seja, se a diferença entre os parâmetros estimados q e as médias únicas, variâncias e covariâncias entre elas forem maior do que zero, é possível saber também o grau de liberdade do modelo estudado. Se considerarmos o número total de variáveis como p, temos duas opções para calcular os graus de liberdade.

A primeira, quando as médias não estão estimadas:

Equação 6.38

$$gl = \frac{p \cdot (p+1)}{2} - q$$

A segunda, quando as médias são estimadas:

Equação 6.39

$$gl = \frac{p \cdot (p+1)}{2} + p - q$$

Agora vamos analisar os resultados:

- Se gl < 0, temos um modelo sub-identificado, ou seja os parâmetros e as qualidades de ajustes não estão claros e podem existir mais parâmetros desconhecidos do que conhecidos, e não há como ser resolvido por ter infinitas soluções, ou seja, não é possível padronizar as cargas fatoriais.
- Se gl = 0, temos um modelo identificado. Nesse caso, os parâmetros podem ser calculados, porém, nada poderá ser concluído sobre a qualidade de ajuste. E, portanto, temos uma solução única.
- Se gl > 0, temos um modelo superidentificado. Ou seja, parâmetros e medidas de qualidade podem ser calculados. Temos menos parâmetros desconhecidos do que conhecidos e, por isso, há várias soluções, porém não infinitas. A melhor solução é obtida por meio da função de máxima verossimilhança, o que tornará o modelo escolhido estável.

Quando se trata das medidas de **discrepância**, podemos afirmar que são funções utilizadas para encontrar estimativas das matrizes de variância e covariância implícita (Σ) quando estas forem minimizadas. Segundo Pereira e Araújo (2019), nesse caso, qualquer método escolhido vai se utilizar da matriz de variância e covariância implícita e também da matriz de variância e covariância das variáveis iniciais S; e se for obtido um valor igual a zero, significa que há um ajuste perfeito. As funções mais utilizadas para o cálculo da discrepância são: *Maximum Likeliohood* (ML) – máxima discrepância; *Generalized Least Squares* (GLS) – mínimo quadrado generalizado; *Unweightes Least Squares* (ULS) – mínimo quadrado não ponderado; *Scale-Free Least Squares* (SLS) – mínimo quadrado sem escalas; *Asymptotically Distribuition-Free* (ADF) – livre distribuição assintótica – ou *Weighted Least Squares* (WLS) – mínimo quadrado ponderado; *Diagonal Weighted Least Squares* (DLS) – mínimo quadrado ponderado na diagonal.

A ML assume que os dados são normalizados:

Equação 6.40

$$D_{ML} = tr(S \cdot \Sigma^{-1}) - p + \ln(|\Sigma|) - \ln(|S|)$$

A GLS também assume que os dados são normalizados, porém, não é uma função adequada para amostras pequenas:

Equação 6.41

$$D_{GLS} = \frac{1}{2} \cdot \left\{ tr\left[S^{-1} \times (S - \Sigma)\right]^2 \right\}$$

A ULS não usa a ideia de normalidade multivariada. É raramente utilizada por ter como resultado uma estimação ruim:

Equação 6.42

$$D_{ULS} = \frac{1}{2} \cdot \left[tr(S - \Sigma) \right]^2$$

A SLS também não usa a ideia de normalidade multivariada:

Equação 6.43

$$D_{SLS} = \frac{1}{2} \cdot \left\{ tr\left[diag(S)^{-1} \times (S - \Sigma) \right]^2 \right\}$$

A ADF, ou WLS, também não usa a ideia de normalidade multivariada e precisa que haja pelo menos 5 mil observações pelo fato de sua matriz de pesos ser baseada em estimação de curtoses (conceito relacionado ao grau de simetria ou achatamento de uma curva). Além disso, é necessário ao analista conhecer s e σ, que são os elementos do triangulo inferior das matrizes S e Σ:

Equação 6.44

$$D_{ADF} = (s - \sigma)^T \cdot W^{-1} \cdot (s - \sigma)$$

A DLS também não usa a ideia de normalidade multivariada. Aqui somente a diagonal da matriz de pesos é levada em consideração e é apresentada como:

Equação 6.45

$$D_{DLS} = (s - \sigma)^T \cdot diag(W)^{-1} \cdot (s - \sigma)$$

Assim, depois de termos verificado os diferentes métodos para cálculo da discrepância, o modêlo de AFC pode ser resumido do seguinte modo:

Equação 6.46

$$X = \Lambda F + \varepsilon$$

Nessa expressão, X é o vetor $(p \cdot 1)$ das variáveis iniciais, Λ é a matriz $(p \times \xi)$ das cargas fatoriais, sendo que ξ é o número de fatores, F é o vetor $(\xi \times 1)$ das variáveis latentes e ε é o vetor $(q \cdot 1)$ dos termos de erros.

Logo, podemos afirmar então que as cargas fatoriais devem ser altas, ou seja, qualquer valor abaixo de 0,30 não deverá ser considerado, apesar de permanecer estruturalmente no modelo.

Para saber mais

O método de análise fatorial é bastante utilizado em várias áreas do conhecimento, até mesmo por ser considerado por muitos um dos mais "fáceis" de ser utilizado. Seguem aqui alguns artigos de aplicações dessa técnica em diversas áreas:

HONGYU, K. Análise fatorial exploratória: resumo teórico, aplicação e interpretação. **ES Engineering and Science**, v. 7, n. 4, p. 88-103, 2018. Disponível em: <https://periodicoscientificos.ufmt.br/ojs/index.php/eng/article/view/7599>. Acesso em: 10 jul. 2023.

BAKKE, H. A., LEITE A. S. M, SILVA L. B. da. Estatística multivariada: aplicação da análise fatorial na engenharia de produção. **Revista Gestão Industria**, v. 4, n. 4, p. 1-14, 2008. Disponível em: <https://revistas.utfpr.edu.br/revistagi/article/view/188>. Acesso em: 10 jul. 2023.

NEISSE, A. C.; HONGYU, K. Aplicação de componentes principais e análise fatorial a dados criminais de 26 estados dos EUA. **ES Engineering and Science**, v. 5, n. 2, p. 105-115, 2016. Disponível em: <https://doi.org/10.18607/ES201654354>. Acesso em: 10 jul. 2023.

CORRÊA, A. M. C. J.; FIGUEIREDO, N. M. S. de. Modernização da agricultura brasileira no início dos anos 2000: uma aplicação da análise fatorial. **Informe GEPEC**, v. 10, n. 2, 2000. Disponível em: <https://e-revista.unioeste.br/index.php/gepec/article/view/394>. Acesso em: 10 jul. 2023.

FREITAS, C. A. de; PAZ, M. V.; NICOLA, D. S. Analisando a modernização da agropecuária gaúcha: uma aplicação de análise fatorial e cluster. **Análise Econômica** v. 25, n. 47, 2009. Disponível em: <https://www.seer.ufrgs.br/index.php/AnaliseEconomica/article/view/10873>. Acesso em: 10 jul. 2023.

Síntese

Neste capítulo, evidenciamos que a análise fatorial pode ser utilizada para examinar padrões e/ou relações de um grande número de informações e, como resposta dessa análise, é possível determinar se essas informações são passíveis de ser condensadas ou resumidas em grupos menores, de modo a facilitar tal análise. Destacamos, ainda, que a base da análise fatorial é descrever essas covariâncias e estabelecer, com o menor número de variáveis possíveis, os fatores ou variáveis. Demonstramos, também, como devem ser escolhidos os fatores e o número deles por meio de vários métodos, bem como analisamos o método fatorial ortogonal. Tratamos das estimativas, que são determinadas quando tomamos a matriz X, relacionada às observações, e a partir dela calculamos a matriz de covariância S para estimar as somas ou a utilizamos como matriz de correlação. Por fim, apresentamos alguns testes para verificação de possíveis ajustes do modelo fatorial.

Questões para revisão

1) A técnica de análise fatorial tem como objetivo principal reduzir a quantidade de conjuntos de dados. Para tanto, é possível substituir as variáveis originais por:

    a. escores fatoriais.
    b. erros.
    c. comunalidades.
    d. componentes principais.
    e. cargas de fatores.

2) Na análise fatorial, é necessário sempre escolher previamente o número de fatores. Entre esses critérios, quais auxiliam na escolha desse número de fatores?

3) (FCC – 2007 – 2007) A análise fatorial tem como objetivo principal descrever a variabilidade original de um vetor aleatório X com m componentes:

    a. substituindo essas m componentes por outras m componentes, mas que sejam ortogonais entre si.
    b. tomando uma combinação não linear dessas n componentes, onde n < m.
    c. estabelecendo relações de causa e efeito entre esses m componentes.
    d. fazendo uso de um número n (n < m) de variáveis aleatórias, chamadas fatores comuns, e que estão relacionadas com X através de um modelo não linear.

e. fazendo uso de um número n (n < m) de variáveis aleatórias, que estejam relacionadas com X através de um modelo linear.

4) Sobre a análise fatorial, analise as seguintes afirmações.

   I. Na análise fatorial, nenhuma variável é defnida como dependente ou independente.
   II. A análise fatorial é geralmente aplicada sobre variáveis métricas.
   III. A análise fatorial é um exemplo de técnica de independência.
   IV. A análise fatorial utiliza apenas variáveis numéricas.

   Assinale a alternativa que apresenta a resposta correta:

   a. Apenas as afirmativas I e II são verdadeiras.
   b. Apenas as afirmativas I, II e III são verdadeiras.
   c. Apenas as afirmativas I e IV são verdadeiras.
   d. Apenas as afirmativas I, II e IV são verdadeiras.
   e. Todas as afirmativas são verdadeiras.

5) Na AFC, é possível ter cargas fatoriais estimadas que aparecem na forma não padronizada, ou seja, elas podem reter informações de escalas variáveis e só podem ser interpretadas quando são comparadas às escalas originais. Quando isso acontece, que outro fato pode ocorrer também? E qual seria o valor das cargas fatoriais padronizadas consideradas ideais ou aceitáveis?

Questões para reflexão

1) Na análise fatorial, é necessário escolher corretamente o número de fatores. Faça uma lista, ou um esquema, demonstrando os passos para que essa escolha de fatores facilite os cálculos para esse método.

2) Experimentos com medidas repetidas podem ser considerados desenhos em que as mesmas unidades amostrais são avaliadas mais de uma vez nos mesmos fatores. Analise essa ideia e liste as principais vantagens que esse desenho pode apresentar.

Considerações finais

As ferramentas estatísticas são inegavelmente importantes em diferentes áreas de pesquisa. E nem sempre seu uso é de modo consciente, pois cada vez que tomamos uma decisão de compra entre esse ou aquele produto, quando tentamos "prever" qual aplicação renderá mais, escolhemos o melhor local para comprar um imóvel, sempre acabamos levando em consideração a probabilidade de algo ocorrer ou não, e estamos nos utilizando de dados estatísticos.

A análise multivariada, que busca conhecer a realidade, interpretar acontecimentos ou fenômenos, sempre baseada em dados e variáveis, está presente intimamente em nosso cotidiano. Ela busca conhecer a realidade para facilitar e auxiliar em atividades do dia a dia.

Também é inegável a quantidade de técnicas existentes e as dificuldades de cada uma delas, desde sua concepção, passando pela escolha da melhor técnica para cada problema, e, por fim, chegando à aplicação da técnica para se obter os resultados esperados. E sempre que algo é realizado, são esperados resultados positivos. A estatística é o que podemos chamar de *procedimento metodológico* – e vale salientar que, apesar de avançada, e se utilizar de programas computacionais complexos, ela depende do pesquisador, de suas escolhas e intuições, então o resultado nem sempre é aquele que se espera, e não deve haver frustração nisso. Basta começar novamente.

Quando falamos especificamente da análise ou métodos multivariados, temos diversos deles, com finalidades bastantes distintas, e a escolha deve ser feita sabiamente, pensando na informação que se pretende obter ao final da análise. A principal pergunta que o analista deve fazer é: O que eu pretendo obter ao fim da minha análise? Que tipos de dados espero gerar? Que relações espero perceber?

Nesta obra, buscamos apenas apresentar análises introdutórias ao leitor sobre algumas dessas técnicas. Cada uma delas tem muito mais desdobramentos, métodos, adendos, além do que foi proposto aqui. De modo geral, abordamos apenas alguns métodos em análise multivariada, e eles foram escolhidos em razão de sua importância, facilidade e aplicações.

Finalmente, vale ressaltar que a estatística está em constante desenvolvimento, assim, é possível que, em pouco tempo, surja uma técnica mais acessível, mais simples, mais adequada a um problema específico. E isso não quer dizer que o que escrevemos aqui não será mais valido, e sim que simplesmente mais estudiosos estão tentando facilitar o trabalho do analista de dados.

Esperamos que você, leitor, faça bom uso desta obra. Que ela possa auxiliar em sua busca pelo conhecimento do conteúdo em si, mas que também possa inspirá-lo a, quem sabe, modelar sua própria técnica.

Referências

ALLAMAN, I. B. **Comparações múltiplas**. Material de apoio para aulas da Universidade Federal de Santa Cruz. Disponível em: <https://lec.pro.br/download/material_didatico/pdf_files/est_experimental/comparacoes_multiplas.pdf>. Acesso em: 10 jul. 2023.

ASSIS, M. de. **Memórias póstumas de Brás Cubas**. Belo Horizonte, Autêntica: 2021.

BROCH, S. C.; FERREIRA, D. F. Pacote nCDunnett do software R para o cálculo das distribuições do teste de Dunnett não central. **Sigmae**, Alfenas, v. 3, n. 1, p. 7-14. 2014. Disponível em: <http://repositorio.ufla.br/jspui/handle/1/15346>. Acesso em: 10 jul. 2023.

BROWN, T. A. **Confirmatory Factor Analysis for Applied Research**. New York: The Guilford Press, 2006.

CARGNELUTTI FILHO, A.; RIBEIRO, N. D.; BURIN, C. Consistência do padrão de agrupamento de cultivares de feijão conforme medidas de dissimilaridade e métodos de agrupamento. **Revista Pesquisa Agropecuária Brasileira**, Brasília, v. 45, n. 3, p. 236-243, mar. 2010. Disponível em: <https://www.scielo.br/j/pab/a/9zjsTT77SBtZDYxM4cfkJxp/?format=pdf&lang=pt> Acesso em: 10 jul. 2023.

CHAVES NETO, A. **CE-704 análise multivariada aplicada à pesquisa**. Notas de aula. Disponível em: <https://docs.ufpr.br/~soniaisoldi/ce090/CE076AM_2010.pdf>. Acesso em: 10 jul. 2023.

COSTA, J. A. F. **Classificação automática e análise de dados por redes neurais auto-organizáveis**. 345 f. Tese (Doutorado em Engenharia Elétrica) – Universidade de Campinas, Campinas, 1999. Disponível em: <http://repositorio.unicamp.br/Acervo/Detalhe/182484>. Acesso em: 10 jul. 2023.

CRUZ, C. D. **Algumas técnicas de análise multivariada no melhoramento de plantas**. 75 f. Monografia (Graduação em Agricultura) – Universidade de São Paulo, Piracicaba, 1987.

DANCEY, C.; REIDY, J. **Estatística sem matemática para psicologia**: usando SPSS para Windows. 3. ed. Porto Alegre: Artmed, 2006.

DAVIS, J. C. **Statistics and Data Analysis in Geology**. 2. ed. Hoboken: John Wiley and Sons Inc., 1986.

DUARTE, J. B. **Introdução a análise de componentes principais (com aplicação do SAS – Statistical Analysis System)**. Universidade Federal de Goiás, Piracicaba, 1998. Notas de aulas. Disponível em: <https://files.cercomp.ufg.br/weby/up/396/o/ACP.pdf>. Acesso em: 10 jul. 2023.

DUNNETT, C. W. New tables for multiple comparisons whit a control. **Biometrics**, New Haven, v. 20, n. 3, p. 482-491, Sep. 1964.

ESPÍNDOLA, A. dos S. **Estratégias ambientais conservacionistas nos sistemas de produção da batata do sudoeste paulista**. 123 p. Dissertação (Mestrado em Engenharia Agrícola) – Universidade Estadual de Campinas, Campinas, 2019. Disponível em: <https://repositorio.unicamp.br/acervo/detalhe/1088724>. Acesso em: 10 jul. 2023.

FARRIS, J. S. On the Cophenetic Correlation Coefficient. **Systematic Biology**, v. 18, n. 3, p. 279-285, 1969. Disponível em: <https://academic.oup.com/sysbio/article-abstract/18/3/279/1624470?redirectedFrom=fulltext>. Acesso em: 10 jul. 2023.

FAVA NETO, I. **Um novo conceito de distância**: a distância do taxi e aplicações. 49 f. Dissertação (Mestrado em Matemática) – Universidade Estadual Paulista Júlio de Mesquita Filho, São José do Rio Preto, 2013. Disponível em: <https://repositorio.unesp.br/bitstream/handle/11449/94275/favaneto_i_me_sjrp.pdf?sequence>. Acesso em: 10 jul. 2023.

FÁVERO, L. P.; BELFIORE, P. **Manual de análise de dados**: estatística e modelagem Multivariada com Excel, SPPS e Stata. Rio de Janeiro: LTC, 2017.

FERREIRA, D. F. **Análise multivariada**. 2. ed. Lavras: Ed. da UFLA, 1996. Disponível em: <https://docs.ufpr.br/~niveam/micro%20da%20sala/Aulas%20-%20Internet/multivariada/multivariada.pdf>. Acesso em: 10 jul. 2023.

FIGUEIREDO FILHO, D. B., SILVA JUNIOR, J. A. da. Desvendando os mistérios do coeficiente de correlação de Pearson (r). **Revista Política Hoje**, Recife, v. 18, n. 1, p. 115-146, 2009. Disponível em: <https://periodicos.ufpe.br/revistas/politicahoje/article/view/3852/3156> Acesso em: 10 jul. 2023.

FISHER, R. A. The Use of Multiple Measurements in Toxonomic Problems. **Annals of Eugenics**, v. 7, n. 2, p. 179-188, 1936. Disponível em: <https://doi.org/10.1111/j.1469-1809.1936.tb02137.x>. Acesso em: 10 jul. 2023.

GAARDER, J. **O mundo de Sofia**: romance da história da filosofia. Tradução de João Azenha Junior. São Paulo: Companhia das Letras, 1995.

GABRIEL, K. R. The Biplot Graphic Display of Matrices whit Application to Principal Componente Analysis. **Biometrika**, v. 58, n. 3, p. 453-467, 1971. Disponível em: <https://www.jstor.org/stable/2334381#metadata_info_tab_contents>. Acesso em: 10 jul. 2023.

GAN, G.; MA, C.; WU, J., **Data Clustering**: Theory, Algorithms, and Applications. **SIAM**: Series on Statistics and Applied Probability, 2007. Disponível em: <https://doi.org/10.1137/1.9780898718348>. Acesso em: 10 jul. 2023.

GONTIJO, C.; AGUIRRE, A. Elementos para uma tipologia do uso do solo agrícola no Brasil: uma aplicação da análise fatorial. Rio de Janeiro: **Revista Brasileira de Economia**, v. 42, n. 1, p. 13-49, jan./mar. 1988. Disponível em: <https://bibliotecadigital.fgv.br/ojs/index.php/rbe/article/view/399/7765>. Acesso em: 10 jul. 2023.

HAIR JUNIOR, F. et al. **Análise multivariada de dados**. 5. ed. Porto Alegre: Bookman, 2005.

HAIR JUNIOR, F. et al. **Análise multivariada de dados**. 6. ed. Porto Alegre: Bookman, 2009.

HAIR JUNIOR, F. et al. **Multivariate data analysis**. 5. ed. Upper Saddle River, New Jersey: Prentice Hall Inc., 1998.

HARRINGTON, D. **Confirmatory Factor Analysis**. New York: Oxford University Press, 2009.

HEBB, D. O. **The Organization of Behavior**: a Neuropsychological Theory. New York: John Wiley and Sons Inc., 1949.

HENNING, E. et al. Um estudo comparativo entre o desempenho de gráficos de controle estatístico multivariados com a aplicação da análise de componentes principais. In: SIMPÓSIO BRASILEIRO DE PESQUISA OPERACIONAL, 41., 2010, Bento Gonçalves. **Anais**... p. 1029-1040. Disponível em: <http://www.din.uem.br/sbpo/sbpo2010/pdf/72569.pdf>. Acesso em: 10 jul. 2023.

HONGYU, K.; SANDANIELO, V. L. M.; OLIVEIRA JUNIOR, G. J. Análise de componentes principais: resumo teórico, aplicação e interpretação. **Engineerig and Science**, v. 5, n. 1, p. 83-90, 2016. Disponível em: <https://periodicoscientificos.ufmt.br/ojs/index.php/eng/article/view/3398>. Acesso em: 10 jul. 2023.

JARDINE, N.; SIBSON, R. The Construction of Hierarchic and Non-hierarchic Classifications. **The Computer Journal**, v. 11, n. 2, p. 177-184, 1968. Disponível em: <https://academic.oup.com/comjnl/article/11/2/177/378550>. Acesso em: 10 jul. 2023.

JOHNSON, R. A.; WICHERN, D. W., **Applied Multivariate Statistical Analysis**. 6. ed. Upper Saddle River, New Jersey: Prentice Hall, 2007. Disponível em: <https://www.webpages.uidaho.edu/~stevel/519/Applied%20Multivariate%20Statistical%20Analysis%20by%20Johnson%20and%20Wichern.pdf>. Acesso em: 10 jul. 2023.

KHATTREE, R.; NAIK, D. N., **Multivariate Data Reducion and Discrimination with SAS Software**. Cary, NC, USA: SAS Institute Inc., 2000.

LEÓN, D. A. D. **Análise fatorial confirmatória através dos softwares R e Mplus**. 97 f. Monografia (Bacharelado em Estatística) – Universidade Federal do Rio Grande do Sul, Porto Alegre, 2011. Disponível em: <https://www.lume.ufrgs.br/bitstream/handle/10183/31630/000784196.pdf>. Acesso em: 10 jul. 2023.

LINDEN, R. Técnicas de Agrupamento. **Revista de Sistemas da Informação da FSMA**, n. 4, p. 18-36, 2009. Disponível em: https://www.researchgate.net/publication/267710538_Tecnicas_de_Agrupamento>. Acesso em: 10 jul. 2023.

LIRA, S. A. **Análise de correlação**: abordagem teórica e de construção dos coeficientes com aplicações. 196 f. Dissertação (Mestrado em Ciências) – Universidade Federal do Paraná, Curitiba: 2004. Disponível em: <http://www.ipardes.gov.br/biblioteca/docs/dissertacao_sachiko.pdf>. Acesso em: 10 jul. 2023.

LOESCH, C.; HOELTGEBAUM, M. **Métodos estatísticos multivariados**. São Paulo: Saraiva, 2012.

MANLY, B. F. J.; ALBERTO, J. A. N. **Métodos estatísticos multivariados**: uma introdução. Tradução de Carlos Tadeu dos Santos Dias. 4. ed. Porto Alegre: Bookman, 2019.

MARCUS, R.; PERITZ, E.; GABRIEL, K. R. On closed testing procedures with special reference to ordered analysis of variance. **Biometrika**, v. 63, n. 3, p. 655-660, 1976. Disponível em: <https://www.jstor.org/stable/2335748> Acesso em: 10 jul. 2023.

MCP CONFERENCE. Disponível em: <https://www.mcp-conference.org>. Acesso em: 10 jul. 2023.

MINGOTI, S. A., **Análise de dados através de métodos de estatística multivariada**: uma abordagem aplicada. Belo Horizonte: Ed. da UFMG, 2007.

MOORE, D. S.; MCCABE, G. **Introduction to the Pratice of Statistics**. New York: Freeman, 2004.

NOVAES, M. Distribuições de probabilidade. **Revista Brasileira de Ensino de Física**, v. 44, n. 44, p. e20210424, 2022. Disponível em: <https://doi.org/10.1590/1806-9126-RBEF-2021-0424> Acesso em: 10 jul. 2023.

OLIVEIRA, M. F. de. **Metodologia científica**: um manual para realização de pesquisas em administração. Catalão: Ed. da UFG, 2011.

ORAIR, G. H. **Classificação multi-rótulo hierárquica automática de documentos textuais**. 97 f. Dissertação (Mestrado em Ciência da Computação) – Universidade Federal de Minas Gerais, Belo Horizonte, 2009. Disponível em: <https://repositorio.ufmg.br/bitstream/1843/SLSS-7WMHNG/1/gustavohenriqueorair.pdf>. Acesso em: 10 jul. 2023.

PEREIRA, V.; ARAÚJO, E. **Estatística multivariada (SPSS) – 03 – análise fatorial exploratória e análise de componentes principais**. 2019. Disponível em: <https://www.researchgate.net/publication/281465528_Estatistica_Multivariada_SPSS_-_03_-_Analise_Fatorial_Exploratoria_e_Analise_de_Componentes_Principais>. Acesso em: 10 jul. 2023.

PHILIPPEAU, G. **Comment interprétes les résultats d'une anlyse em composantes principales**. Paris: ITCF, 1986.

SARTORIO, S. D. **Aplicações de técnicas de análise multivariada em experimentos agropecuários usando o software R**. 130 f. Dissertação (Mestrado em Agronomia) – Escola Superior de Agricultura Luiz de Queiroz da Universidade de São Paulo, Piracicaba, 2008. Disponível em: <https://teses.usp.br/teses/disponiveis/11/11134/tde-06082008-172655/pt-br.php>. Acesso em: 10 jul. 2023.

SCHEFFE, H. A Method for Judging all Contrasts in the Analysis of Variance, **Biometrika**, v. 40, n. 1/2, p. 87-104, June 1953. Disponível em: <http://www.bios.unc.edu/~mhudgens/bios/662/2008fall/Backup/scheffe1953.pdf> Acesso em: 10 jul. 2023.

SHAEFFER, S. E. Survey: Graph Clustering. **Computer Science Review**, v. 1, n. 1, p. 27-64, ago. 2007. Disponível em: <https://www.sciencedirect.com/science/article/abs/pii/S1574013707000020?via%3Dihub>. Acesso em: 10 jul. 2023.

SISTEMA. In: **Dicionário Priberam da Língua Portuguesa**. Disponível em: <https://dicionario.priberam.org/sistema>. Acesso em: 10 jul. 2023.

SOKAL, R. R.; ROHLF, F. J. The comparsion of dendrograms by objective methods. **Taxon**, v. 11, n. 2, p. 33-40, 1962. Disponível em: <https://onlinelibrary.wiley.com/doi/10.2307/1217208>. Acesso em: 10 jul. 2023.

SPEARMAN, C. General inteligence: Objetively determined and measured. **The American Journal of Psychology**, v. 15, n. 2, p. 201-292, 1904. Disponível em: <https://doi.org/10.2307/1412107>. Acesso em: 10 jul. 2023.

STACK EXCHANGE. **Scree plot**: m vs m – 1 components/factors. Disponível em: <https://stats.stackexchange.com/questions/513911/scree-plot-m-vs-m-1-components-factors>. Acesso em: 10 jul. 2023.

STEIN, C. E.; LOESCH, C. **Estatística descritiva e teoria das probabilidades**. 2. ed. Blumenau: Edifurb, 2011.

TUKEY, J. W. Comparing Individual Means in the Analysis of Variance. **Biometrics**, v. 5, n. 2, p. 99–114, 1949. Disponível em: <https://doi.org/10.2307/3001913>. Acesso em: 10 jul. 2023.

VARELLA, C. A. A. **Análise de componentes principais**, Seropédica, RJ, 2008. Disponível em: <http://www.ufrrj.br/institutos/it/deng/varella/Downloads/multivariada%20aplicada%20as%20ciencias%20agrarias/Aulas/analise%20de%20componentes%20principais.pdf>. Acesso em: 10 jul. 2023.

VARELLA, C. A. A. **Análise discriminante**. Universidade Federal Rural do Rio de Janeiro, Seropédica, 2010. Notas de Aulas. Disponível em: <http://www.ufrrj.br/institutos/it/deng/varella/Downloads/multivariada%20aplicada%20as%20ciencias%20agrarias/Aulas/ANALISE%20DISCRIMINANTE.pdf>. Acesso em: 10 jul. 2023.

VICINI, L. **Análise multivariada**: da teoria à prática. 140 f. Trabalho de Conclusão de Curso (Especialização em Estatística e Modelagem Quantitativa) – Universidade Federal de Santa Maria, Santa Maria, 2005. Disponível em: <https://repositorio.ufsm.br/handle/1/18058>. Acesso em: 10 jul. 2023.

Respostas

CAPÍTULO 1

Questões para revisão

1)

Técnicas de dependência	Técnicas de interdependência
Análise de regressão	Análise fatorial
Análise de discriminante	Análise de agrupamento
Correlação canônica	Análise de correspondência
Análise de multivariância (MANOVA)	Análise fatorial confirmatória
	Análise de regressão múltipla

2) d

3) e

4) Quando agrupamos itens ou dados, é necessário determinar o quanto o valor é parecido ou não em relação, por exemplo, ao maior valor observado. Isso é chamado de *similaridade* ou *dissimilaridade*. Utilizamos esse conceito em outras técnicas de cálculo e análise multivariada, sendo assim de suma importância, pois ele nos mostra que quanto mais próximo o valor é do maior valor observado, maior a similaridade, do mesmo modo, quanto mais distante estão esses valores, maior será a dissimilaridade. Portanto, podemos perceber que se trata de um coeficiente de correlação. É possível encontrar essa dissimilaridade de maneira bastante explícita quando analisamos a distância euclidiana.

5) d

Questões para reflexão

1) Da definição de covariância entre duas variáveis, temos:
$$\text{cov}(A,B) = E[(X - \mu_X)(Y - \mu_Y)]$$

2) Se dividirmos pelos desvios-padrões $(\sigma_X$ e $\sigma_Y)$, ficamos com:
$$\frac{\text{cov}(A,B)}{\sigma_X \sigma_Y} = \frac{E[(X - \mu_X)(Y - \mu_Y)]}{\sigma_X \sigma_Y} = E\left[\frac{(X - \mu_X)}{\sigma_X}\frac{(Y - \mu_Y)}{\sigma_Y}\right]$$

Nessa expressão, podemos observar que se trata da covariância entre duas variáveis padronizadas.

Assim, o coeficiente de correlação é igual à covariância entre duas variáveis padronizadas.

2) Esse lugar geométrico específico será dado por uma elipse de equação: $\frac{x_1^2}{4} + \frac{x_2^2}{1} = 1$

CAPÍTULO 2

Questões para revisão

1) d

2) c

3) Para ambos os casos, as variáveis deverão ser quantitativas.

4) O dendrograma número 1 se refere à técnica do vizinho mais próximo, já o dendrograma número 2 se refere à técnica do vizinho mais distante, e, finalmente, o dendrograma número 3 se refere à técnica da ligação média de grupos.

5) d

Questões para reflexão

1) Método do vizinho mais próximo, método do vizinho mais distante, método das distâncias médias entre grupos e método dos centroides.

2) Quando se faz necessária uma representação sintética de resultados e, ainda, uma comparação entre os objetos ou indivíduos em questão, um método bastante interessante é o da classificação hierárquica. Se a necessidade é formar grupos de itens ou objetos, são utilizadas as ideias de agrupamento não hierárquico, principalmente se houver necessidade de que se tenha uma definição de partição inicial, pois, nesse caso, existe a flexibilidade de serem trocados os elementos enquanto o algoritmo está sendo executado.

CAPÍTULO 3

Questões para revisão

1) d

2) b

3) Um fator em dois níveis de análise de variância em uma estatística F.

4) O teste mais apropriado para esse caso é o teste de Wilks.

5) e

Questões para reflexão

1) A MANOVA tem a vantagem de ser possível trabalhar com observações mais completas e com testes mais precisos e em maior número em relação aos seus resultados.

2) Para a MANOVA, não são necessárias inferências prévias, pois, como se trata de uma técnica de comparação de médias (vetores médios), e essas médias são variáveis independentes, trabalha-se com uma distribuição normal e matriz de covariância. A MANOVA permite que sejam obtidas conclusões de diferenciação de tratamentos, considerando todo um conjunto de variáveis observáveis.

CAPÍTULO 4

Questões para revisão

1) Para essa técnica, é possível escolher os componentes de maneira gráfica, além de existir uma recomendação de utilização dos componentes em conjuntos e que eles expliquem a maior parte da variação dos dados.

2) a

3) e

4) Existe correlação linear positiva muito significativa entre as variáveis consideradas.

5) a

Questões para reflexão

1) O principal objetivo da ACP é apresentar graficamente o máximo de informações possíveis contidas em uma matriz de dados. Além disso, podemos afirmar que a ACP tende a reduzir a quantidade de variáveis a se trabalhar, auxilia na obtenção de variáveis aleatórias não correlacionadas e, ainda, analisa quais variáveis ou conjunto de variáveis serão mais viáveis e como elas se relacionam.

2) Os autovalores são raízes características, ou também chamados de *valores próprios*, já os autovetores são vetores característicos de uma matriz. Para a ACP, as CPs podem ser definidas como vetores específicos de uma matriz de covariância determinados estatisticamente pelos autovetores e, consequentemente, pelos autovalores.

CAPÍTULO 5

Questões para revisão

1) c

2) As principais funções da análise de discriminante são discriminar e classificar grupos ou objetos. Na primeira, são separadas, descritas, especificadas algébrica ou graficamente as características dos objetos de observação, determinando assim as discriminantes dos objetos. Na segunda, são unidos em grupos ou classes determinados objetos com as mesmas características.

3) e

4) a

5) A matriz de covariância, no caso da função linear, é estimada com mais observações, por isso é mais comum que ela seja escolhida.

Questões para reflexão

1) Uma possível situação para o uso de análise de discriminante com variáveis independentes poderia ser uma pesquisa de intenção de compra de um novo produto com base em suas variáveis: durabilidade, desempenho e estilo. Já as variáveis dependentes podem ser utilizadas para pesquisas com respostas do tipo "bom" ou "ruim".

2) Função discriminante linear ou quadrática.

CAPÍTULO 6

Questões para revisão

1) a

2) Raiz latente ou critério de Kaiser, gráfico *Scree Plot* e porcentagem de variância.

3) e

4) e

5) Quando temos cargas fatoriais padronizadas, podemos também ter correlações entre variável inicial e sua variável latente. O valor das cargas fatoriais padronizadas deverá ser maior do que 0,70 para ser considerado ideal. Já valores maiores de 0,40 são considerados aceitáveis caso a variável inicial se manifeste em apenas uma variável latente.

Questões para reflexão

1) Como estamos interessados na melhor combinação linear entre as variáveis originais, para o primeiro fator podemos escolher o melhor resumo de relações lineares encontrados e o segundo fator pode ser a melhor combinação linear das variáveis sujeitas a restrições (ortogonal), e depois o processo continua até que a variância seja explicada. Portanto, podemos afirmar que o pesquisador deve utilizar o menor número de variáveis que explique seu problema, combinando isso à ideia de quantos fatores estão na estrutura e quantos desses fatores podem ser sustentados, utilizando critérios de parada, como o da raiz latente, o *Scree Plot* etc.

2) A principal vantagem nesse tipo de desenho é que ele pode mostrar uma aproximação ou uma melhor estimação do erro experimental.

Sobre os autores

Camila Correia Machado é professora de ensinos médio, técnico e superior com experiência há mais de 15 anos. Pós-graduada em Tecnologias Educacionais para Ensino a Distância pela Universidade Sociedade Educacional de Santa Catarina (UniSociesc). Graduada em Processos Gerenciais também pela UniSociesc e licenciada em Matemática pelo Centro Universitário Internacional Uninter. Tem diversas publicações na área de educação e formação de professores, além de livros publicados na área de exatas. Um de seus principais interesses é levar a estatística de modo mais simples aos seus leitores.

Fillipi Klos Rodrigues de Campos é doutor em Engenharia e Ciência dos Materiais, mestre em Engenharia Elétrica e graduado em Física pela Universidade Federal do Paraná (UFPR). Professor universitário há mais de 15 anos, já ministrou disciplinas nas áreas de estatística, matemática, física, eletrônica e mecânica nos ensinos técnico e superior. É também frequente colaborador da Rofialli Didática, produzindo materiais didáticos para o YouTube. Busca levar o conhecimento nas ciências exatas para o maior número possível de pessoas.

Impressão: Reproset